# 风景园林设计
# 与环境生态保护

贾秀丽 刘 婧 王思琪◎著

吉林科学技术出版社

**图书在版编目（CIP）数据**

风景园林设计与环境生态保护 / 贾秀丽, 刘婧, 王思琪著. -- 长春 : 吉林科学技术出版社, 2022.9

ISBN 978-7-5578-9616-4

Ⅰ. ①风… Ⅱ. ①贾… ②刘… ③王… Ⅲ. ①园林设计—生态环境保护 Ⅳ. ①TU986.2②X171.4

中国版本图书馆 CIP 数据核字(2022)第 181032 号

# 风景园林设计与环境生态保护

著　贾秀丽 刘　婧 王思琪
出版人　宛　霞
责任编辑　郝沛龙
封面设计　金熙腾达
制　版　金熙腾达
幅面尺寸　185mm×260mm
开　本　16
字　数　271 千字
印　张　12
版　次　2022 年 9 月第 1 版
印　次　2023 年 3 月第 1 次印刷

出　版　吉林科学技术出版社
发　行　吉林科学技术出版社
地　址　长春市净月区福祉大路 5788 号
邮　编　130118
发行部电话/传真　0431-81629529　81629530　81629531
81629532　81629533　81629534
储运部电话　0431-86059116
编辑部电话　0431-81629518
印　刷　三河市嵩川印刷有限公司

书　号　ISBN 978-7-5578-9616-4
定　价　75.00 元

# 前　言

风景园林是一个涉及面广、综合性强的边缘学科，也是一个影响因子众多、成长周期漫长的系统工程。这就要求风景园林设计师掌握生物学、生态学、社会学、艺术、建筑、美学等方面的综合知识与技能，通过长时间的积累以获得丰富的实践经验。我国的园林事业在不断发展进步，因此，在园林设计中也逐渐地融入生态理念。而这种设计方式不仅体现了现代人对于环境污染的抗争，也体现了人们对于生活环境品质方面的追求，生态理念在风景园林的设计工作中也发挥了很大的作用。随着我国的现代经济体系逐渐完善，在设计过程中越来越多地应用风景园林的生态理念，在设计中应用风景园林生态理念有助于综合社会、经济和生态环境三者的效益，这样有利于解决风景园林生态理念在设计应用中出现的错误。生态理念在设计工作上的应用使得我国的园林设计水平有了很大的进步，风景园林生态设计方案的实施有助于优化生活条件，改善居住环境，保障生活品质，从而推动人类社会的可持续发展。当前风景园林设计的主要趋势就是注重经济和生态环境利益结合，生态园林景观设计最重要的特征就是使用生态和环保因素。将生态学融入风景园林的设计工作中，有利于我国的风景园林设计水平大幅度提高。

基于此，本书从风景园林设计理论基础介绍入手，针对风景园林形态构成设计进行了分析研究；另外对景观与园林设计创新发展、园林规划与设计中的技术应用做了一定的介绍；还对风景园林建筑的内外部环境设计及城市景观设计中蕴含的生态审视提出了一些建议，旨在摸索出一条适合风景园林设计与环境生态保护工作创新的科学道路，帮助其工作者在应用中少走弯路，运用科学方法，提高效率。

在本书的撰写过程中，参阅、借鉴和引用了国内外许多同行的观点和成果。各位同人的研究奠定了本书的学术基础，对风景园林设计与环境生态保护的展开提供了理论基础，在此一并感谢。另外，受水平和时间所限，书中难免有疏漏和不当之处，敬请读者批评指正。

# 目录

# 第一章　风景园林设计理论基础

## 第一节　风景园林的空间构成

### 一、园林空间的划分

园林空间是人们喜爱的户外活动空间，是观景、赏景、享受自然美好的理想空间。园林空间的构成目的是提供人们游乐、观景、散步、健身、休憩等不同功能的区域。因此，它需要对空间区域进行合理划分，即根据具体的使用功能和设计目的来决定。空间的划分首先要分出主次空间，哪些是主要景点，哪些是次要景点，根据景点的功能要素适当考虑空间大小，合理分配，之后再考虑将这些大小空间穿起来形成流动空间。园林空间有内部空间与外部空间，围合的手法多种多样。如用围墙、建筑、植物篱笆、山水、景石等都可以切隔空间。围合的空间越完整，空间则越倾向于内向，局部围合的空间可以流入和流出，属于半开放空间。空间的围合形式不一样，视觉心理也会发生不同的变化。围合的高度高于人的视角，会让人感到空间狭窄；围合的高度低于人的视角，则会显空间开阔。这是因人的视觉范围的限制而产生的心理因素，设计时须考虑到这些问题。

园林空间的分布大致有以下几种：

#### （一）主次空间

一般庭园景观环境中有主次空间之分。主空间是表现力最集中、客流量最多的重点景观空间，也称主景；次空间是处在主空间之后的随从空间，与主空间有关联，但不夺取主空间的精彩，仅次于主要空间的小景观空间，也称配景。次空间不一定是一个，有时是多个。设计中应力求做到既有次空间的个性又不失主题的共性，有主有次，主次分明，在统一协调之下保持主次空间的功能与特色。

### （二）大小空间

大小空间可产生鲜明的对比，反差越大，对比则越强烈。从小空间进入大空间，会感到心情豁然开朗；而从大空间进入小空间时，精神上顿时会有种紧张感，视觉高度集中，如果我们根据这一视觉心理经验来设计，就可以很好地利用大小空间来表达我们想要表现的不同感知的园林空间。因此，巧妙地运用这一原理布局园林整体空间，把握好观赏者的视觉心态，这也是园林设计的手法之一。

### （三）虚实空间

虚实空间是相对而言的。建筑物体与植物树林相比，建筑体可称为实，植物为虚；山与水，可谓山实水虚；围墙与花窗，围墙为实，花窗为虚；书法中也讲虚实，字是实，余白是虚。总之，虚代表空的、朦胧的、飘忽的、流动的、柔软的、变化的、不易被人直接感知的；而实则代表物体，实在的、清晰的、固定的、坚硬的、不变的、易被感知的。虚与实的艺术表现手法在景观设计中运用很多，以虚衬实，以实破虚；实中有虚，虚中见实。都是为了丰富视觉感而增添多种美感形式，提升风景园林的不同观赏空间。

### （四）流动空间

流动空间在园林设计中起着贯穿园林的主导作用，园林设计的好坏，全凭流动空间给人以不同的视觉印象和心理感受。流动空间是体现园林整体感受的具体空间。人们通过走动观看，才能体验到园林整体空间的印象和感受。“步移景异”就是流动地观赏不同的风景和体验不同的空间。把不同意义的空间有机地串联在一起，才能有效地提高园林空间的使用意义与观赏价值。一般庭园、公园都是由许多不同内容的小空间组成连贯的流动空间。因此，我们在设计时要把自己当作游客一样，随着观赏者的脚步游走设计，让景观空间发生连贯性的变化，视觉更加丰富多彩，让游客在风景园林中散步，真正获得赏心悦目的愉悦心情。

## 二、园林空间与建筑

园林建筑在园林中不仅是使用的需要，更主要的是被观赏的园林建筑风景，起着组织景观空间的作用，中国传统造园的一大特色正是利用园林建筑组景造景。将亭、台、楼、阁、轩、榭、廊、桥、舫等串联在山水植物的园林风景中，构成大小不同的景观空间，为人们提供不同的观景角度，同时园林建筑又和山水植物组成了不可或缺的园林风景。

我国传统园林发展至今，廊和亭的园林建筑形式因使用率高而被当今的园林模仿利用延续了下来。尽管材料和造型都随时代有了根本性的变化，但廊与亭提供人们休息和观园的空间环境使用功能没变。常见传统园林的亭有，独顶亭、双顶亭；按亭的屋角分类有，三角亭、四角亭、五角亭、六角亭、八角亭；按放置的环境来分类有，半山亭、水亭、山亭、路亭、湖心亭等；还有根据亭的位置以及亭内放置的内容分类的，如山亭、水亭、路亭、桥亭、碑亭、钟亭、泉亭等。园林的廊按造型分类有，直廊、曲廊、折廊、叠落廊、单面空廊、柱廊、双层廊等；按位置与功能分布有，水廊、爬山廊、游廊、碑亭廊等。“亭”是静观风景的空间，人们可以坐在亭内休息观景；“廊”是动观风景的空间，人们可以通过廊架的空间穿越走动观赏园林风景。因此，无论是阴雨天，还是烈日当头，都不影响人们利用园林中的廊与亭休憩和观景。

随着时代的发展和变化，人们的审美意识也有所改变。现代风景园林中的廊和亭形态风格更趋于轻盈简洁，在材料的使用上与传统园林也有很大差别，如塑钢结构、木结构、铝合金结构等的使用，建造的亭、廊空间形式更加轻盈通透，具有时代感镂空花纹的廊亭在采光、通风方面也更加人性化，与自然风景更为融合。最常见的现代廊亭是和植物相结合形成的美丽花架廊亭，对园林的装饰美化方面起到重要作用。

### 三、园墙与空间限制

墙在建筑学中是一种围合空间的构建。在园林设计中，墙除了围合空间外，更重要的是遮挡劣景，自身还要成为风景的一部分，即构成装饰性风景墙，统称为景墙。景墙在园林中可划分空间，组织不同景色，引导人们进入不同的风景区域，感受不同的景色。因此，景墙具有美观、隔断、通透、遮挡、围合空间等多种功能。

景墙的空间划分可以通过不同的景墙形式来实现，中外古典园林中都有丰富的优秀案例。西方古典园林最常用的是植物绿篱围墙，绿篱植物墙不仅有围合空间的功能，与其他景墙材料相比的最大特点是：具有生命力，是生长变化的天然植物，它与园林的任何自然植物都能融合为一体，是融入自然的园林空间划分的最佳材料。

翻阅中国古典园林的景墙画册，可以看到传统景墙的形式十分丰富。各式门洞墙、云墙、锦墙、碑文墙、石雕墙等，用砖瓦砌成的镂空纹样的花窗，是古典园林常用的景墙形式。古典园林的景墙不仅有围合空间的作用，更是园林中不可缺少的一道亮丽的风景墙：随着新材料的出现，雕刻着不同镂空花纹的铁板墙、铝合金墙、玻璃纹样墙等，形成了不同意义的景观墙。景墙的形式趋向于美观、时尚、轻盈、安装便捷的一面。丰富多彩的景墙变化为园林带来了新的活力，如：用铝合金、铁艺、木材做的栅栏、简易隔断，不仅在公园、花园小区中广泛使用，也是私家小园林常用的景墙形式。栅栏作为围合空间的墙体及空间界定，具有视觉通透、通风、采光好的特点，适合园内的植物生长。因此，在私家园林的建造时深受人们欢迎。

景墙不仅在围合空间上能成为园林的一道风景，在营造园林景观氛围上也具有特色。如历史古迹的景墙、纪念性景墙等均凝聚了一定的文化氛围，可作为园林的一个观赏景点，通过色彩、质感、肌理以及造型等物质手段进行组景，突破墙体本身的单调与风景融为一体，形成多样化景观空间，以此提高风景园林的观赏价值。如：景墙和花坛结合，水景结合，雕塑结合，植物结合，水幕结合，等等，形成独特的园林风景。很多小区花园也会在正门入口设计一个很有魅力的景观墙，以此突出小区的文化品质。

## 四、园林空间与园路

园路设计是园林中流动空间的设计。它是园林的筋脉，贯穿整个园林的大小路线，串联着不同的园林空间和观景节点，在庭园中起着重要的引导作用。

园路还有切割和划分园林功能区域的作用。通过路段分割，将不同区域区分开来，如路的左边布局是花卉植物园观赏区域，右边布局是休息区域，中间的园路起到分界线的作用。

### （一）园路与空间

园路既是观赏风景的行走路线，也是园林空间的动线，需要靠园林的大小路线贯通。在设计园路时需要考虑园路周围远近空间的景观布局，根据主次景观空间决定园路的宽窄，最好的方法是设计人在路线中走一走，随着设计人的视点一路配景，用“走走停停”的方式分析和寻找最佳的视角和视点，配置适宜的风景步移景异，以不同空间的视觉变化带动心理的变化，以轻松愉快的心情来弥补走路的乏味，达到健身之目的。笔直的路，一眼望到底，虽有畅快之感，但也有紧张感，单调乏味，缺少变化；弯曲的路，自然优美，较直路而言有缓和轻快感。“曲径通幽处，禅房花木深”正是我们园路设计时需要考虑到的一面。尽可能做到直露中有迂回，舒缓处有起伏，使人有回味无穷的余地。

### （二）园路的铺装

园路的铺装需要考虑多变的观赏特点：不同的材料、纹样、色彩以及面积的大小都会影响到空间的氛围。铺装纹样的变化会给行人带来新的感觉。我国的古典园林的园路设计给我们留下了很多典范，值得学习和借鉴，现代的新材料、新技术也给园路添了新的色彩，如防滑漏水砖、草坪砖等被广泛使用，让园路设计纹样变得更加丰富。园路两旁配置不同的植物绿篱或花篱，也是装饰园路寻求变化的一种手法。配置不同高低的植物，树姿、色彩会给人以不同的视觉效果和心理感受，设计者还要考虑到园路与环境的匹配和协调，用不同铺装的园路贯穿多变的空间，形成耐人寻味、可漫游观赏的风景园林。

### （三）园路的尺寸

园路是整个庭园的脉络，因此，园路也有主次之分，宽窄不同，不同区域不同对待。越是面积大、视野开阔的园林环境，越是要注意园路的风格，注意导向清晰，便于人们在空旷视野中的识别。园路样式设计切忌千篇一律、同样对待，那样很容易失去园林的观赏特点。设计园路的尺寸至关重要，要考虑到通过园路的人流量，根据人流量的预测，以及通向的主次景点来决定园路的宽窄与分流，一般单人行走的小路宽不低于 0.6 米，双人行走的小路宽为 1.5 米左右，多人行走的宽 3 米左右。园路铺装要求路的两侧低于路的中轴线的高度，防止下雨积水给人们带来不方便。有条件的路段两侧可以设置下水道，这样可以在夏季暴雨时节迅速排水，保证路面畅通。弯曲的小道可增加散步道的长度，以此达到漫游、观赏、健身等目的。

### （四）步石小路

步石也称飞石、汀石，是直径为 200 ~ 300mm 的平板圆石。园林小景中经常用步石排列成园林小径。步石小路的特点是易与自然风景融为一体，如果在小景中铺一条小路会出现一分为二，割断景致的现象，因为路道的铺装破坏了小景的完整性。而利用步石的方式排列的小径就不会有这样的现象，无论是在草坪上还是枯山水中的砂砾上，步石的铺垫都能和草坪、砂砾以及风景相融合。步石的铺垫是根据人的迈步尺度排列设置的，一般两块步石的间距即一块步石的中心点到另一块步石的中心点距离，以 300 ~ 500mm 为宜。一般一块步石的厚度是 100mm 左右，铺装时高出地面或水面 30 ~ 50mm，有的需要用水泥简单固定，有的可以直接摆放。因此，在改造园林时变动步石小径也很方便。形式上，有草地中的步石小径，也有砂砾中的步石小径，还有小溪浅水中的步石。

## 第二节　风景园林的山水构成

### 一、园林中的山体

#### （一）筑土为山

筑土为山即挖土成河，堆土成山，模仿自然，用浓缩自然山水的方法造自然山水景色，追求“虽由人作，宛自天开”的人造水景。人造山水的大小、形态、风格是根据设计人的审美理想、场地的现状、业主的要求等逐一分析研究后，构思立意而展开设计的。在挖掘的河床外轮廓的形态把握上，在用土方堆积成土山的形态上，都会深入思考、反复推敲，用不同的材料和手法寻找最适合的方式来表现理想的山水风景。

筑山贵在峦。筑山时要注意突出山顶，注重山峦的高低错落，忌讳山峦排列溜平。筑山造型确定后，山的表皮用什么样的材料布局，风景效果是完全不一样的。如：在堆积的山坡上种植灌木乔木，可形成郁郁葱葱的植物山林；如果将土山堆分成几个大小不同的土包，再在上面栽植地被、点缀草花、放置景石，可呈现出大小不同的绿色小岛式风景；如果人工挖掘河床面积很大，还可以在岸边建造凉亭、水榭、楼阁等观景台。

#### （二）叠石造山

叠石造山即构石筑山。中国的古典园林中常见的是以太湖石做假山，也有用一般的黄石堆垒而成。叠石造山要注意石与石的大小穿插，石与石衔接与吻合要自然。造山就是要追求山的气势，要浑厚有力，所以需要大石头装点，不能像燕子筑巢那样由小碎石材组成。如果用许多小石头拼凑山，那么视觉中的山一定很假、很小气，有杂乱感，缺乏气势。筑山还包含了筑山坡、土堆，这是常用来突出主题景观的表现手法，也是增强园林的层次感，增添空间的节奏和韵律的设计方法，能使园林风景更加生动而富有活力。

### （三）立石为山

许多自然景石具有山的形状和美的纹理，可做园林的景石。独立巨大的景石可以石代山。如太湖石具有瘦、漏、皱、奇、丑的特点，奇峰怪石，给人以无穷的想象，既可以选择合适的大石独立成景，也可以两石组景，立石为山的周围可以栽植灌木或草花，也可以是砂砾铺装。日本庭园的枯山水造园形式就是立石为山的"写意"表现手法，以巨石为山，用砂代水，拿木耙在白砂上画出条条线纹、涡旋纹，形成意向的水流纹样，很有情趣：虽是枯山枯水，但一样有传达山水意境的风味。还可以将景石立在草坪中，景石是山，草坪是水，在视觉上就是一幅美丽的山水画，立石为山比写实山水的表现造价经济、施工方便，管理也很简单，在园林中值得学习和推广。

景石应选择造型轮廓突出、色彩纹理奇特、颇有动势的山石。置石的原则是"以少胜多、以简胜繁"，特别是多个景石组景时，在整体布局上须注意均衡式布局，否则会出现杂乱无章之感。

## 二、园林中的水体

在设计中我们常利用水体的特性点缀装饰景观如水池、河塘、小溪流水、瀑布等，让景观更加清新秀美，轻灵疏透，具有生气。除此以外，它还有净化环境的功能，因此在景观设计中对水的利用须更加关注。

### （一）自然形态水体

自然水体有江、湖、河、海以及地表的沼泽湿地，还包括江滩、湖滩、海滩以及水库、泄洪区。在园林水景设计时，要以维护自然生态环境为原则，充分尊重自然水体的美感，尽量不要填埋自然水体的河床、河滩，占用洪泛区土地，或破坏自然生态的水循环系统。在自然的水体生态植被和动物食物链中，创造或维护水鸟、芦苇、水藻、浮萍、游鱼和水草的共生湿地环境，以净化水体，使之成为城市的绿肺，表现出人与自然的和谐。

### （二）几何形态水景

几何形的水池一般都是由水泥和砖砌构而成，整体形态规整，常用的形态是矩形和圆形，特点就是人工造景风格突出，是现代城市园林、小区花园中常见的形式。几何形水池有静有动，静的水池一般在水池中或水池的边角放置雕塑或花钵；有的与花坛相结合；还有的在池边栽植植物，如睡莲、荷花等水生植物。但水生植物不能配置太多，否则遮盖了水面，则失去了水景的观赏特点。

动的水池做法一般会安装喷泉或瀑布装置，突出水的活力。喷泉的水声不仅可以吸引人们的观景视线，同时也活跃了园林的气氛，水的雾气还可以滋润空气，特别是夏季炎热之时，清凉的水雾能给人们带来凉爽的舒适之感，因此很受市民的欢迎。

### （三）小溪流水

自然中的小溪流水给人们一种特有的亲和力，因此也被逐渐引入园林中，有模仿自然的小溪流水，也有梯式的人工跌水小景。小溪曲涧，以石砌梯，形成阶梯式，四周种沿阶草或书带草，令溪涧生绿苔，平日溪水潺潺，清凉宜人，形成水石景观。水受流体力学的控制，从隐蔽的山石后面自高而下流出，绕园而行，分别形成水口、水池与小溪。溪水令人有幽静的感觉，山石可平添古意，水石相伴、相互映衬。

### （四）瀑布水景

人造瀑布一般是用水泵或自来水管引水上山，沿峭壁、悬崖、山洞、山涧飞流直下，或者在山顶蓄水，开闸放瀑布，使之产生水流倾泻而下的水声，营造水景的活跃气氛。瀑布可以形成水帘，在阳光下形成水雾和彩虹，也可置人工泻槽，让水自高处落下，发出哗哗的流水声，形成高山流水的景观。

### （五）喷泉涌泉

随着时代的发展，喷泉的造型也有了丰富的变化。其主要喷泉形式有：往地面冒水的涌泉、飘出柔美弧线的喷泉、跳跃舞动的喷泉、水柱式的水花喷泉，还有随着音乐上下起伏的音乐喷泉。总之，水静时如镜，动时则千姿百态。运用科技方法将灯光、音乐、声响融入水景中，水景造型的声效、整体视觉效果都出现了空前的发展，在现代风景园林中被广泛使用。

## 三、园林水景配置小品

水景中适当添加艺术小品可增强园林的观赏特点。最常见的就是在人工河上架景桥。

我们说的“景桥”绝不是一般意义的桥，景观桥造型设计要求比较高，桥本身一定是美观的，可自成观赏点，也可融入园林的自然风景中。从造桥的材质上分，有木桥、砖桥、石桥、铁桥等；从形态上分，有拱桥、曲桥、廊桥、亭桥、断桥、折桥等，皆能成为园林的观赏美景。

中国传统桥梁通常是桥上有额，额上提名，桥上有桥联，点出美景、水上石舫为不波航、不系舟，可以作为水上波宅之舟，在船上喝茶娱乐、看水景，十分惬意。沿水岸可以筑水榭、建长廊，方便欣赏沿河景色。水上建筑又可以与湖山对景，锦窗外湖光山色、美不胜收，春夏秋冬各有特色，给园林带来丰富的观景视角，水景边除了建造建筑外，雕塑也可以为水景大添光彩。凡尔赛宫苑就是一个典型的优秀案例，宫殿平台下的水池边分布了 10 个群组的不同男女河神的卧姿塑像，增添了整个水景的艺术气氛。艺术作品放入园林中，可大大增添园林的艺术氛围，园林景观的品质也由此获得提升。

鱼使水活，鸟使景生。水禽鱼类可以增添水景的活力。天鹅、雁、鸭、鸳鸯、翠鸟等，都是极具观赏性的水禽，可以适当选择添加水禽。与水景动静结合，融为一体，可形成有趣的画面。水中还可以放养观赏性强的金鱼和红鲤，养鱼可以净化水体，又可以引翠鸟等水禽，使之构成稳定的食物链循环系统，形成良好的自然生态环境。

水景种植水生植物也可增加生气，如睡莲、王莲、荷花等，岸边可以种植芦苇、水竹芋等植物。夏季可观赏莲花、睡莲的花形、花色之美，秋季可观赏芦花飞扬的飘逸景色。水景中种植水生植物还可以净化水源，形成良好的水景生态环境。

## 第三节 风景园林的植物配置

### 一、植物的地域性与文化内涵

#### （一）植物的地域性

营建绿色生态环境，在植物种类的选择上应考虑适合于该地区、地形、气候、土壤和历史文化传统等因素，不能由于猎奇而违背自然规律。首先，要重视地方树种花木的种植，以求易于生长，形成地方特色。如四川成都称蓉城，以芙蓉花为特色花卉；洛阳称牡丹为花王；福州以榕树为特色；海南以棕榈为代表；扬州以柳为特色；等等。当地的园林景观绿化就往往以上述这些地方树种为主。其次，在设计园林景观时，应考虑景观植物，保护特色树种，尽量保护已有的古树名木，因为一园一景易建，古树名花难求。对于景观立意，可以借用植物来命名，如以梅花为主的梅园，以兰花为主的惠芝园，以菊花为主的秋英园，以翠竹为特色的个园、翠园。在梅园中可建梅园亭，遍植红梅、白梅、腊梅；翠竹园可以建潇湘馆、紫竹院，以形成特色景点。

### （二）植物的文化内涵

在中国传统文化中，经常会用到以花木比喻人物的拟人手法，在选择景观绿化植物时也可对此加以考虑。如以松树代指文人士大夫，松树的伟岸与苍古挺拔象征人物的气节，泰山有五大夫松。桂花为月宫中树，故称仙子，与月中嫦娥相伴，有吴刚捧出桂花酒的诗句为证。海棠被称为神仙，寓意为“富贵满堂”。草花中有虞美人花，相传是楚霸王的虞姬泣血而成。竹子深受人们的喜爱，古人称竹子为高风亮节的君子，门前门内种竹子，称“门内门外有君子”。苏东坡曾写有“宁可食无肉，不可居无竹”的佳句。而菊花则是隐士陶渊明的花，秋菊傲霜，是中国传统士大夫的精神所向：岁寒三友，松、竹、梅，如诗如画。落叶乔木玉兰花比喻“玉堂富贵”。广玉兰为常绿乔木，四季成荫，种植于庭院中，前面有金鱼池，比喻“金玉满堂”。桂花（金桂、银桂）为常青乔木，种植于门前屋后，是中秋赏月的佳处，有“蟾宫折桂”之意。

## 二、植物的配置原则和方法

树木植物是建造园林的主要材料。如何使用这些材料设计出最佳的园林风景效果呢？首先，要遵循植物生长的客观规律，熟悉植物的生态特性和美学特征。其次，要了解现代人的审美心理，合理、科学地设计和配置园林植物，这样才有可能设计出深受大众喜爱、自然美观的风景园林。因此，学习园林设计必须对植物的配置原则要有所了解，否则很难胜任园林设计工作。

### （一）根据植物的习性科学配置

不同的植物有不同的生态习性，对土壤、温度、气候、移栽季节、喜阴喜阳、耐干耐湿等都有不同的要求。不了解植物的习性盲目设计种植必然会带来经济上的惨重损失，如果把喜阴的植物栽植在终日阳光照晒的环境下，植物很容易枯死；相反，若将喜阳的植物栽在阴地内终日不见阳光，那也会出现植物生长不良的不健康状态。因为这些都违背了植物生长的自然法则。

顺应植物的生长规律、科学地按照植物的性能来设计植物的配置，是设计中首先要考虑到的问题。因地制宜，选择该地区适宜生长的植物是最安全的做法，可以保证植物的健康生长。另外，栽植的间距与空间大小的确定也是需要考虑的，要想到植物成长后的伸展空间。

有的植物喜水喜湿，种植在河岸边很适宜，如杨柳、水杉、枫杨等。有的植物耐干旱，可以配置在高地，这样不用担心因缺水而使植物发生干枯现象。总之，熟悉和了解植物的特性，合理进行园林植物配置设计，可以减少经济损失，确保植物在园林中发挥出特有的自然美的作用。

### （二）根据实用功能的需要配置

植物具有构成空间的机能。它和建筑材料相似，可以构成园林空间。但它与建筑材料不同的是：植物具有生命的活力，树木的密集排列栽植可以形成绿色的墙体，即绿篱。绿篱可以分隔空间、围合空间，可以像建筑砌墙一样有明显的空间包围感，绿篱可直可曲，因此，其围合的空间形态也会随之发生变化。

有的乔木树冠大而可以遮阳，是天然的一把遮阳伞。因此，伞形树木很适合在休息区域配置，体现植物的实用功能。可遮阳成荫的树有：榉树、香樟、合欢、槐树、梧桐、樱花树等。

除此之外，植物还具有导向作用。植物的不同栽植法可以体现出不同的实用功能。如膝高（0.3 ~ 0.6m）的植物列植成排，能产生导向作用；腰高（1m 左右）的植物列植可做交通的分隔带；胸高（1.2m 左右）的植物列植则有明显的分隔空间的作用；植物高于眼部视觉（1.5m 左右）的列植则有被包围的私密空间感。

植物的美感可以遮挡生硬的建筑物体，起到柔化建筑物体的作用；同时，园林建筑、景桥、景墙、园路、雕塑、景石、台阶、花坛、花架等园林景观小品，也烘托了园林自然景色的观赏气氛。

### （三）体现植物美感的艺术配置

首先，植物是成长变化的，因此它具有动态之美。比如落叶树，一年四季都在变化。初春是落叶树吐绿芽、长新叶的季节，黄绿色的落叶树给园林风景抹上了一层淡淡的春绿；还有许多落叶树初春开花，如樱花树、桃花树、梅花树、海棠树等。夏天落叶树是浓浓的绿荫，秋天落叶树枝头尽染，有红色、黄色；还有的落叶树结果实，具有较高的观赏价值。银杏树、黄连树、榉树、樱花树、枫树、梧桐树、乌桕树、鸡爪槭、马褂木、水杉等都是观叶树。橘子树、柿子树、苹果树、梨树等都是结果树。冬天的落叶树都成了裸枝，自然的树姿形态各异，也很具有观赏价值，如榉树、龙爪槐、乌桕树、青桐树、石榴树、紫薇、腊梅等。因此，从观赏角度出发，适当地配置不同季节的落叶树，是园林风景构成丰富变化的基本手段。

其次，植物的配置可以给人们带来五官、心理等方面的美感：视觉美、嗅觉美、触觉美、听觉美、意境美。这些美感建立在植物景观的构成元素中，如花香树木有腊梅、海桐、栀子花、桂花等，花开时园林中会飘散着迷人的香味儿，沁人肺腑。配置不同的植物，营造出的环境气氛也大不相同。比如：设计鸟语花香的环境，首先在植物配置上得想到，招引鸟儿的果实树木有哪些，如罗汉松、桑树、桃树、柿树、桃叶珊瑚、草珊瑚、海桐、杨梅、枣树等。其次是考虑那些一年四季花开不断的树木和植物，找到了这些基本素材后再加以合理的美化配搭，才能设计出理想的景观环境。

再次，植物配置的形式美感，要从植物的形态、色彩、观赏价值等方面来考虑。形与色是构成视觉语义的基本元素，掌握形式美构成法则，将其运用到植物的配置上，这就是艺术配置的主要方法。如：对比、调和、对称、均衡、韵律、多样化的统一、统一中求变化等，需要我们系统地研究和学习。

一般常用的点景配置植物类包括：书带草，又名麦冬草，四季常青，栽于假山下、曲径旁、石阶边，有春意盎然之趣；红枫，落叶乔木，栽于黄石旁，有秋意；腊梅，落叶乔木，栽于石英石假山下，有冬意。桃树、柳树，落叶乔木，一株桃花一株柳，栽于水湾道边，有闹春景象；翠竹丛中，四季常青，安置柏果风景石，有雨后春笋景色兰草，植于湖石假山丛中，有画意。

## 三、植物的绘画表现方法

植物是园林设计方案中不可缺少的重要表现部分，因此，植物的手绘表现方法是学习园林设计必须掌握的技法。要准确表达园林设计方案的效果，首先要对各类植物的不同外形、树姿特征、枝叶的生长等特性加以了解和掌握。平时多做些植物写生、观察、绘图的练习。外出时多注意观察各种植物的生长姿态，有意识地积累不同的植物特征，学会区别植物之间的不同特点并加以记忆。切忌将各种不同的植物树木画成千篇一律的样式，若是把松树画成柏树，把常绿树画成落叶树，就不能准确地表达设计出的效果，直接就会影响到设计意图的表达。

### （一）松树的画法

画松树首先要注意抓住松树主干的动势，在确定主干的形态之后根据枝叶的伸展画出它的外轮廓，然后在限定的轮廓中画枝干和松叶。

### （二）柏树的画法

柏树大多数都是圆锥体，只是枝叶和生长趋势有所不同。有的是枝干向上翘，有的是枝叶横向伸，但是基本上树干都被枝叶遮挡，形成下粗上尖的圆锥体。画柏树只要把握住整体的圆锥体和针叶的特征，就比较形象了。表达方法有多种，可以先从临摹开始练习。

### （三）常绿阔叶树的画法

常绿树的枝叶结构一般长得比较紧密，树形清晰，画时要注意树的外轮廓特征。先画树的外形，再根据光线走势画树叶：接近光源的枝叶清淡疏松，暗部的枝叶浓黑密集。画时可将其分成组来画：树叶的层次和立体感的表现，还可以在用笔上加以表现，用轻重、缓急、深浅、大小来区分前后的关系。

常绿树的树叶有朝上长的，也有朝下的，可以根据实际情况在基本形上加以替换后变为其他所需的树种。

### （四）落叶树的画法

落叶树表现手法多种多样，根据自己的喜好选择即可。可以先画一组一组的树叶层次，然后添加树干，也可以先画树枝的主干和枝干，画时有意留出一些空白，然后再画一组一组的树叶。也有不画树叶只画树干和树枝的，一般画冬天的树可以这样表达。画冬季的落叶树主要表现树的枝干骨架，画时要注意层次和分枝的生长趋向，抓住树木的特征和生长形态，笔触要有轻有重，不能平均对待。画枝干时需要考虑到粗细、远近、轻重、疏密等处理方法，笔触要自然。

### （五）竹子和芦苇的画法

竹子和芦苇的画法一般是先画枝干。竹子枝干是一节一节的，这一特征要把它表现出来，然后添加竹叶。画竹叶要注意竹叶的交错自然、疏密有致，竹叶一般集中在主干的上半部，下半部表现的是裸露竹竿。芦苇枝干虽然也是一节一节的，但比较细，容易被风吹得倾斜，直接用粗线画出长短不一的倾斜线条，然后在斜线上面添加枝叶就可以了。

### （六）灌木的画法

灌木的画法基本和乔木画法一样。灌木也有常绿灌木和落叶灌木之分，只是树形较矮。灌木与乔木的不同主要区别在树干。一般灌木的树干不能长成材，多为丛生枝干木本植物。因此画灌木时掌握了灌木枝干的基本特征就可以。平时须多关注不同品种的灌木形态，这样可以帮助我们抓住各种植物特征，设计表达更准确。

### （七）绿篱的画法

绿篱的作用是分隔空间，因此栽植比较密，以形成一道绿墙。画规整的绿篱时一般在长宽高的基本体块上作画，画时除了注意植物的生长结构外，还要注意体块因受光面不同所产生的黑、白、灰植物面。

### （八）藤蔓植物的画法

藤蔓植物一般是以画树叶为主，用连贯缠绕的画法，尽可能画出自然盘绕的感觉，树叶要画得有疏有密，之后在穿插的树叶中添加时隐时现的藤蔓植物主枝干。

# 第二章　风景园林形态构成设计

## 第一节　形态构成基本知识

### 一、形态构成概述

#### （一）形态构成的含义

形态是指事物内在本质在一定条件下的表现形式，包括形状和情态两个方面。这个概念的意义在于它强调了“形状之所以如此”的根据，把内部与外部统一起来了。

“构成”在《现代汉语词典》中解释为“形成”“造成”。构成是一种造型概念，也是现代造型设计的用语，含义就是将不同形态的几个单元（包括不同的材料）重新组合成为一个新的单元，并赋予视觉化的、力学的观念。广义上，其意思与“造型”相同，狭义上是“组合”的意思，即从造型要素中抽出那些纯粹的形态要素来加以研究。

#### （二）构成的分类

构成学是研究造型艺术各部类的共性——造型性的基础，与艺术学同属一个体系。“构成”作为一门学科可分为纯粹构成和目的构成。所谓纯粹构成，主要是指不带有功能性、社会性和地方性等因素的造型活动，它在对于形态、色彩和物象的研究方面具有被纯粹化、被抽象化的特点；而目的构成则指各种现实设计。纯粹构成按照造型要素还可以细分为视觉性构成和机能性构成。此外还有一些名称，如：意象构成、想象构成、形式构成、解析构成、意义构成、打散构成、图案构成……不外是强调构成过程中某个方面的突出作用。其实，构成是对各要素做综合性的感知和心理的创造。

## 二、形态构成在风景园林艺术创作中的应用

探讨形态构成在风景园林艺术创作中的应用，应该从两个方面进行：一方面是对形态构成本身的学习及其发展过程的了解；另一方面则是从园林学和园林设计的角度进行分析，了解两者之间的相互关系，寻求作为造型基础的形态构成与园林艺术表现之间的共同之处，以及具体结合的可能性，从而使风景园林专业的读者更主动地把握构成的学习，以提高自己的造型能力和艺术修养。

### （一）现代风景园林审美与形态构成

特定时期的社会生产水平和相应的社会文明，孕育着与之相应的社会审美观念，并渗透、延伸于一切文化艺术领域乃至人们日常生活的各个方面。风景园林不是单纯的艺术，影响风景园林审美的因素或许更为复杂、曲折，但是我们依旧可以从历史的发展中清晰地看到：风景园林作为一种独特的艺术形式，与审美观念之间有密切联系。

古代匠师们在生产力落后、技术停滞的相当长时间里经历了无数次的重复实践，积淀艺术，造就成某种程式、法度或风格的至善至美，体现出那个时代中人们的精神追求。我国传统建筑中的开间变化，体现着中正至尊的传统观念：屋顶的出挑、起翘则是在排水功能的基础上，对“如翚斯飞”般轻盈形态的艺术表达，它们同样以“法式”或“则例”的形式被固定下来，传承于世。“庭院深深深几许”“风筝吹落画檐西”……这种通过建筑环境烘托和强化诗词意境的做法，也从一个侧面展示出人们对传统建筑的审美情结。

工业时代的到来，为现代文明的发展提供了最为直接的动力，同时也引发了社会审美观念的重大改变。机器生产所表现出的工艺美对传统的手工美产生强烈的冲击。人们从包豪斯校舍、巴塞罗那展厅以及流水别墅等名作中，体验到了建筑本身以及与环境之间的功能之美、空间之美、有机之美等。

时至今日，新功能、新技术、新材料的不断出现，高度发展的信息传播，环境问题的凸显以及地域文化的兴起等，促成了风景园林多元化发展的大趋势、大潮流。

综上所述，与过去相比，现代审美观念明显地表现出多样性和兼容性等特点。这要求风景园林设计师具有很强的创造力和对形式美进行抽象表达的扎实功底。形态构成学习的核心内容就是抽象了的形以及形的构成规律，这正是一切现代造型艺术的基础。而形态构成通过物理、生理和心理等现代知识，对形的审美所进行的分析与解释，则对我们认识、

把握现代建筑的审美特点与趋向，具有重要的启发意义。

### （二）形态构成的应用

对审美观念变化的回顾，有助于了解形态构成被引入风景园林基础教学中的原因和背景。在此，就形式美创造中形态构成与风景园林设计之间的关系进行具体分析。

#### 1. 形态构成的重点在于造型

以人的视知觉为出发点（大小、形状、色彩、肌理），从点、线、面、体等基本要素入手，实现形的生成，强调形态构成的抽象性，并对不同的形态表现给予美学和心理上的解释（量感、动感、层次感、张力、场力、图与底……）。这些也都是风景园林设计中进行有关形式美的探讨时经常涉及的问题。因而形态构成的系统学习，有利于学生对风景园林造型认识的深化和能力的提高。

#### 2. 形态构成的重要特点之一是具有方法上的可操作性

所提出的各种造型方法都是以由点、线、面、体所组成的基本形为发展基础的，基本形是进行形态构成时直接使用的“材料”。对这些“材料”按构成的方法加以组织，建立一定的秩序，就是创造“新形”的过程，即基本形—秩序—新形。

#### 3. 学习形态构成的最终目的在于造型能力的提高

构成的重点不是技术的训练，也不是模仿性的学习，而是在于方法的教学和能力的培养。在构成学习中，强调引导学生主动地把握限制条件，有意识地去进行创造；强调学生在学习过程中从逻辑推理、情理结合、逆向思维等多种渠道、多种途径进行思考，以拓宽自己的创作思路和视野。这些都说明形态构成与风景园林设计在学习方法、过程和目的等方面具有共同特点和互通之处。

最后，需要指出的是，虽然我们列举了两者结合的许多有利条件，但以造型训练为目的的形态构成和以实际工程为目的的风景园林设计，毕竟有着本质的差别。即使单就风景园林艺术形式的创造而言，除造型问题外，涉及文化、历史、社会等多种因素，以及在具体创作中存在对园林意境、个性、风格等的追求，这些都是我们不能苛求于形态构成的。此外，有关空间构成部分的内容，也还需要我们结合风景园林学和风景园林设计的特点和需要，进一步加以充实和完善。

# 第二节 平面构成

## 一、平面构成的基本要素

平面形象的形成和变化依靠各种基本元素而构成，这些基本元素主要有以下几大类。

### （一）概念元素——点、线、面

平面构成概念元素包括点、线、面，它是一切造型中最基本的要素，存在于任何造型设计之中，通常被称为构成三要素。研究这些基本的要素及构成原则是研究其他视觉元素的起点。

1. 点的形象

（1）点的概念、种类和作用

“点”是一切形态的基础，点是线的开端和终结，是两线的相交处及面或体的角端，是具有空间位置的视觉单位。几何学上的点只表示位置，没有长度和宽度及面积。但是在实际构成中，点要见之于图形，并有大小不同的面积。至于面积多大才是点，要靠与其周围的形象比较而定，例如星球本身是巨大的，但在浩瀚的太空中却成为一个点。

点的形态是各式各样的，自然界中存在的任何形态与周围的形象比较，只要在空间中具有视觉的凝聚性，而成为最小的视觉单位时，都可以形成点的形态。从点的外形上看，点有规则式和不规则式两种。规则式点是指那些严谨有序的圆点、方形点、三角形点等，不规则式点指那些外形随意的点。

点是视觉的中心，也是力的中心，在画面上具有集中和吸引视线的作用。当画面上有两个点时，它们之间的张力就会介于其间的空间，产生视觉的连续，从而有线的感觉。点的连续可以产生虚线，而当画面上有较多的点时，点的集合就会产生虚面的感觉。当点的大小不同时，大的点首先被注意到，然后视线会逐渐由大的点向小的点转移，最后集中在小的点上，并且，越是小的点积聚力越强。

（2）点的情态特征

点有一种跳跃感，能使人产生各种生动的联想，如联想到球体、植物的种子等。点的排列还能造成一种动感，产生有规律的节奏和韵律；如不同大小和疏密的点排列可以产生膨胀或收缩、前进或后退的运动感。

（3）点的视觉特征

由于点所处的位置、色彩、明度以及环境条件的变化，点的视觉形象会发生变化，产生远近、大小、空间、虚实等感觉，这种视觉感觉与客观事实不一致的现象称为错视。

一般明亮的点或暖色的点有前进和膨胀的感觉，相反，黑色或冷色的点则有后退和收缩的感觉，黑底上的白点与白底上等大的黑点比，视觉感觉要大一些。利用这一原理，在设计中可以用明亮的色彩突出主题，而使用较暗或冷的色彩表达次要内容。

**2. 线的形象**

（1）线的概念、种类和作用

线是点运动的轨迹，面与面相交也形成线。几何学上，线只有长度和方向，而没有粗细。但是在平面构成中，线在画面上是有粗细之分的。

线的种类很多。一般从线的形状上可以分为直线和曲线两种基本形式，并且不同形式的线又有粗细之分。直线又可以分为水平线、垂直线、斜线和折线几种常用的形式；曲线中常用的形式有自由曲线和规则曲线两种形式。线是平面构成中最重要的元素。首先线具有很强的表现力，两条线相交可以产生点的形态，线是面的边界，一系列的线的排列又可以产生虚面的形态，因此，线可以表现任何形体的轮廓、质感和明暗；其次，不同形式的线可以表示不同的情态特征，如轻重缓急、纤细流畅、稳重有力等。

（2）线的情态特征

直线具有男性的特征，有力度感和稳定性。其中的水平线有平和、安宁、寂静之感，使人联想到风平浪静的水面和远处的地平线；垂直线则有庄重、崇高、上升之感，使人联想到广场的旗杆、垂直的柱子等；粗直线表现力强，显得有力、厚重、粗笨；相反，细直线则显得秀气、锐利。曲线富有女性特征，具有柔软、优美和弹力的感觉。其中的几何曲线是运用圆规等工具绘制的，具有对称和秩序之美；自由曲线则具有自然延伸、流畅及富有弹性之美。在实际应用中，徒手绘制的线给人以自然流畅之感，借助工具绘制的线则显得有理性和生硬。

（3）线的视觉特征与点的错视现象相同

线由于周围的环境要素不同，也会产生错视现象。平行线由于加入了斜线，产生的错视，看起来不平行了。等长的两条直线由于两端的变化、周围要素的对比等，产生了错视。正方形受其旁边的曲线影响，直线看起来有弯曲感。

3. 面的形象

（1）面的概念、种类

面是线运动的轨迹，面也可以是体的外表，面一般由线界定，具有一定的形状。几何学上，面有长度、宽度，而没有厚度。

面的种类非常丰富，在应用中，通常可以把面按形状分为：几何形、有机形和偶然形等。几何形面是指具有一定的几何形状的面，典型的几何形面是圆形和正方形以及它们的组合；有机形面是指不具有严谨的几何秩序，形状较自然的面，这类面多由曲线界定；偶然形面是指形成于偶然之中，如在图纸上泼墨形成的图形即属于偶然形的面。面还可以分成实面和虚面两种情况。实面是指由线界定的具有明确的形状并能看到的面，如上面提到的面；虚面则是指没有线的界定，不实际存在但是可以感觉到的面，如由点、线的密集而成的面。

（2）面的情态特征

几何形的面呈现一种严谨的数理性的秩序，给人一种简洁、安定、井然有序的感觉，但有时又由于其过于严谨和有理性，则有呆板、缺少变化的弊端；有机形的面一般具有柔软、活泼、生动的感觉，并且在应用中，由于具有较强的随意性，能表现出独特的个性和魅力，实际应用中，须考虑其本身与其他外在要素的相互关系，才能合理存在；偶然形的面形成于偶然之中，外形难以预料，给人以朦胧、模糊、非秩序的美感，设计中往往追求偶然形的面所形成的意想不到的特殊艺术效果。

（3）面的视觉特征

同样大小的两个圆上下并置时，看起来上边的圆形感觉要大一些。用等距离的水平线和垂直线组成的两个面积相等的虚面，水平线组成的正方形看起来稍高一些，而垂直线组成的正方形则使人感到稍宽一些。

4. 形象和空间平面图形中，形象和空间是相互依存的两个部分

设计要表达的形象通常也称为“图”，其周围的背景空间则称为“地”。一般说来，

图具有紧张、高密度和前进的感觉，在视觉上具有凝聚力，容易使形态突出；地则有后退的感觉，起陪衬作用，使图能够显现出来。通常，图与地的关系总是清楚的，人们习惯于形象在前，背景在后，但当形象与背景的特征相接近时，图与地的关系就容易产生相互交换，图和地的关系在显著地波动，一会儿图在前，一会儿地在前，产生模棱两可的视觉效果。可见，在图形中图与地的关系是辩证的，设计中，一定要统筹兼顾，强调图的突出，以获得完美的视觉效果。

### （二）视觉元素——形状、大小、色彩、肌理

用概念元素构成的平面形态，虽然排除了实际材料的特征，但是它们以图形形态出现，因此必定具有形态的可绘性。组成形态的可见要素称为视觉元素，视觉元素主要包括形状、大小、色彩和肌理。

## 二、平面构成的形式法则和形成规律

### （一）形式法则

以基本要素为素材进行的分解和组合等操作构成的平面形态，一定具有视觉的美才有生命力。这种视觉的美感主要是通过形式美的基本法则来体现的，特别具有装饰性的平面构成艺术，离开了形式美，就失去了魅力。形式美的法则是人们在长期的生活实践中总结出的美的表现形式，在前面形态构成中的心理和审美中有叙述。

### （二）形成规律

平面形态的形成和变化主要依靠各种基本要素而构成。这些基本要素综合构成平面形态中的骨格系统和基本形的形式，故平面形态的形成规律主要通过骨格的形成规律和基本形的形成规律体现。

#### 1. 基本形

（1）基本形的概念

基本形是在构成中简洁的、最基本的、有助于设计内部联结而不断产生出的较多形态的图形。基本形是构成中最基本的单元元素，在单元元素的群集化过程中，必然发生“形态融洽”的形象，它们能变化出无数的组合形式，为使构成变化不杂乱，基本形的设置不宜复杂，以简单的几何形态为好。

（2）基本形的组合关系

基本形在进行组合中，形与形之间的组合关系通常有多种。

（3）基本形的变化规律

基本形的变化可以使设计形态更加丰富，组成基本形的各个要素都可以有不同程度的变化，或采取不同程度的变化过程，按照要素的变化规律不同可以分为重复、渐变、近似和对比。

2. 骨格

（1）骨格的概念和分类

基本形在平面内进行的排列是依靠骨格的组织来完成的。骨格是构成图形的骨架和格式，它决定了基本形之间的距离和空间关系，在构成中起着重要的作用。它是由概念性的线要素组成，包括骨格线、交点和框内空间。将一系列的基本形安放在骨格的交点或框内空间中，就形成了简单的构成设计。

骨格按照其结构可以分为规律性骨格和非规律性骨格。规律性骨格是按照一定的数学方式进行有序的排列形成的骨格，主要有重复、渐变、发射等形式；非规律性骨格是比较自由构成形成的骨格，一般指由规律性进行演变而得到的骨格，主要有近似、对比等形式。

骨格按照其功能又可以分为作用性骨格和非作用性骨格。作用性骨格即每个单元的基本形都由骨格进行组织，必须控制在骨格线内，基本形在骨格线内可以改变位置、方向、正负，但逾越骨格线的部分将被骨格线切割掉；非作用性骨格是将每个单位的基本形安排在骨格线的交点上，它有助于基本形的组织排列，但不影响基本形的形状，当形象完成以后，可以把骨格线去掉。

（2）骨格的变化规律

骨格是关系元素，在构成中起重大作用。同样的基本形，由于骨格的变化，构成的形态就不同。骨格可以变化的要素主要是骨格的间距、方向和线型。

# 第三节　色彩构成

## 一、色彩的基础知识

### （一）色彩的本质

色彩就是生命，它是原始时代就存在的概念。火焰产生了光，光又产生了色，色是光之子。光是这个世界的第一现象，通过色彩向我们展示了这个世界的精神和活生生的灵魂。

人们凭借五官去感知五彩缤纷的世界，园林设计师依靠审美认知和灵感绘制宏伟蓝图，这一切都离不开视觉。

1. 视觉现象

一般认为，人产生视觉形象，必须具备三个条件：①视觉对象，即能反射光、被视的物体；②视觉感受器，即人眼，包括神经中枢；③光源。在这里，我们把物体、眼和光称为视觉三要素。

2. 色彩物理学

1676 年，牛顿用三棱镜将白色太阳光分离成色彩光谱，这张光谱包含了除紫红以外的所有色相。物体接收光的照射，依其物体本身不同的性质，将光线反射、吸取或透过，这种反射和透过的光进入人眼到视网膜，刺激中枢神经细胞，引起兴奋亢进，这种信息由中枢神经系统传到大脑的视觉区域，便产生了视觉现象。由于光的组成不同，其刺激也不同，便可以感知不同的颜色。

色彩产生光波，牛顿光谱中，白光射线分解成连续的色带，能被我们人眼辨别的有红（R）、橙（O）、黄（Y）、绿（G）、蓝（B）、紫（P）。这种光波是一种以电磁波形式存在的辐射能，它和无线电波实际上只是波长不同而本质上无别的辐射。

在 17 世纪以前，色彩被认为是物体的一种属性，自牛顿发现了光是由许多射线构成之后，色彩才被视为视觉的一种知觉表现，光与色从本质上才被认为是一体的。光为色之源，光存在，色也存在，光改变也影响了色的感觉。例如物体在日光下、日光灯下、白炽灯下和彩色灯下所表现出的颜色是不同的。平时人们见到的物体色彩是当日光照到物体表面时除该物体所呈现的色被反射外，其他色大部分被吸收了的一种现象，如白色是反射了光的所有色光的结果，黑色是吸收了所有色光的结果，而灰色则是对所有色光既反射又吸收时呈现出的一种现象。若将日光中的六种色光减为红、蓝、绿三种色时，颜料中的黄色吸收了蓝光，红光被青色吸收，而绿光被洋红色吸收，这三种颜色靠吸收光色构成了颜料的三原色红、黄、蓝，并由此组成了各种颜色。当将颜料的三原色混合在一起时则与光的混合不同，不是合成了白色而是吸收了所有色光，留下的只是黑色。这就是为什么黄色加蓝色会变绿，因为黄色吸收了蓝光留下了红光与绿光，而蓝色又吸收了红光只留下了绿光。

由此可以看出，色光的混合与颜料的混合是有区别的，前者是一种加的过程，当红、蓝、绿三种色光加在一起时形成了白光，它是彩色电视、摄影、照明等的原理；而颜料的混合是一种将白光所包含的色减去、排除掉的过程，只留下被人们看到的颜色，这是颜料的色彩特征。光与色在景观中是同时作用的，景观环境中的色彩多是在自然光照下被人们看到的，它的选择配置需要与天空、大地、水面、树木、花草、建筑物、构筑物等要素同时考虑。

## （二）色彩的体系

在风景园林设计中，对着无穷无尽的色彩世界需要建立一个科学化、实用化的系统，以便准确、有效、方便地认识和使用色彩。

### 1. 分类概述

（1）从使用性质上划分色彩

①写生色彩

将颜料经过调配（可混合成新的色彩）用工具描绘在介质载体上，如水彩、油画、壁画等。

②实用色彩

介质或材料上色彩已固定，经过设计进行组合（如交通信号灯的红、黄、绿色，邮政的墨绿色，消防的红色，等等），根据人们生理上的感受进行设计，带有普遍共性。

③装饰色彩

根据设计者的构想，强调色彩所造成的气氛和色彩组合规律，讲究色彩美学，一般是间接用色。

（2）根据用色程序不同色彩的分类

①设计色彩

由设计者提供，经过加工形成的色彩，包括实用色彩和装饰色彩。

②直接用色

绘画用色。

（3）根据色彩的属性特征，可以把千变万化的色彩归结为两个类型

①无彩色

即黑、白，以及由此二色混合而成的不同明度的灰。

②有彩色

无彩色以外的所有颜色，包括原色和调和色。

比如，我们把红、黄、蓝三种颜色称作颜料的三原色，其他颜色都是由这三种颜色相调和所产生的，因此，其他颜色则被称作调和色。

**2. 色彩分类的基准**

（1）色彩的属性

①色相

色相就是颜色的面貌。我们借助色彩的名称来区别色相，如红、黄、蓝、绿等彩色。不同的色相是反射不同波长的结果，反射光的波长为700nm的物体或颜料，被称为“红色”；反射波长为650nm的物体或颜料，虽然也可以称为“红色”，但这种红色却带有一点橙味，称为“橙红”；反射波长为610nm光的物体或颜料，我们称其为“橙色”等。在七色光谱上，色相的顺序是一种固定关系，而各色相之间并没有明显的边界。比如波长在700～610nm，分布着紫红、红、橘红、橘黄等不同色相；而波长在450～400nm，分布着蓝紫、紫、红紫等色相。这样一来，七色光谱完全可以形成一个天衣无缝的圆环。人们根据这个关系制出一个色相圆环，上面按顺序安排着一些基本色相，这就是色相环。

②明度（又称亮度）

色彩的明亮程度叫明度。明度最高的颜色为白色，最低为黑色。它们之间不同的灰度

排列显示出明度的差别，有彩色的明度是以无彩色的明度为基准来比较和判断的，其中黄色明度最高，橙色次之，红色和绿色居中，蓝色暗些，紫色则最暗。

在色彩对比中，明度差往往是醒目的重要因素。为确定各种色相的明度，往往用从黑到白九个渐次变化明度阶段来衡定各色相或同一色相的明度值，以便进行各种明度对比组合。这个明度阶段又称为明度标尺。理想中 100% 反射所有光的颜色为白色，反之 100% 吸收所有光的颜色为黑色。

③彩度

色彩的鲜艳程度，又称作纯度。彩度与色相共同构成色彩。纯度高的鲜艳颜色称作清色，纯度低的混浊色则称作浊色。纯度高的颜色其色相特征明显，又称作纯色。无彩色则没有纯度，只有明度。

在颜色中加白、加黑或加与色相明度相同的灰，都可使彩度降低。各种色相，不仅明度不同，彩度值也不相同，红和黄的彩度最高，而蓝、青绿和绿的彩度较低。

彩度基调指以高、中或低彩度为画面基调的组合状态。高彩度基调，给人以丰富多彩、原初感及平面化的感觉，使人想到节日的气氛、华贵、艳丽、欢乐、突进和热情；中彩度基调给人以厚实、丰富又稳定的感觉；低彩度基调给人以典雅、稳静、柔和的感觉，易使人联想起文雅、娴静的性格，以及理智、内在的意蕴。

高彩度组合坚定而明快，低彩度组合飘动而朦胧；高彩度有具体的真切感，低彩度则具有超脱和远离感。然而由于色相基调和明度基调不同，彩度基调的心理效应也会产生不同的感情变化。

实际上，一个物体与环境的色彩在某一属性发生变化的同时，其他属性也往往发生相应的变化。

（2）色立体和色空间

色彩的明度、色相和彩度三属性，可用三维立体空间形象地表示。我们引进几何学上的三维空间坐标，那么每一属性的标度可以看作数学上一个坐标值区间，三属性即三坐标区间值（C、V、H）便可给定唯一的空间，色彩就可以定量化形象地决定了。这种数学空间的概念表示色彩很方便，在这样一个坐标体系中可以容纳世界上所有的色彩，是色彩彩调的集合，我们形象地称之为色空间。三属性的这些元素集合是有限的，构成了有限的色立体。色立体的建立解决了色彩分类的问题，它将色彩性质相似的事物归纳为一类，并排列其性质，使得色彩设计师能方便而有效地利用。

然而，色立体的建立，常常是有限地决定色彩的三属性，这样的色立体中的等色相面是有限的。因此，我们常以色断面来制作实际的色版。所谓色断面，即以无彩色轴为中心的左右对称的等色相面构成的有限的色平面，其形状一般呈不规则的菱形。

在等色面上，亮度和彩度虽划分为有限的区间，但它们之间的变化是连续均匀的，两者并非完全独立，而是彼此存在一定的相关性。因此，不可能随意改变明亮而保证彩度不变。无论任何纯色，在其中加入白或黑之后，其亮度将升高或降低，其彩度也同时降低；如加入同度的灰，其亮度将保持不变。这一相关限制性正好可以通过色断椭圆面来表示。从色断椭圆面中我们可以发现：降低彩度可自由地改变明暗，若加入纯色来提高彩度，无论从哪一点加入，均指向并不断地接近纯色，以致和纯色一样，最终在感觉上无法分辨。

（3）色调

色彩的三要素（色相、明度、彩度）一旦确定，某颜色就被确定唯一的色空间。这三属性联合成彩色印象调子，我们称之为彩调或色调。看到色彩或听到色彩，我们大脑中的印象常常是用形容词来代替，因此，在谈到色调时，照我们的习惯，常用描述性的字眼来代替。就像黑白摄影一样，常有中长调、高调、低调等来形容画面黑白灰调子。在色彩中，如果将某一色相固定，只考虑彩度和亮度的关系，将两者统一起来，用较容易理解的形容词来描述、表示其平面三维空间，这就是我们理解的狭义色调，习惯上，常用较为熟悉易解的字眼，如淡、深、浅、浊、暗、鲜、涩、亮等形容词来表示。

在描述色调时，也常用高、中、低或长、中、短来形容。这在摄影作品制作上用得特别多，如高调、中调、低调。其大致可分为九类，包括高长调、高中调、高短调，中高调、中中调、中短调，低长调、低中调、低短调。

### （三）色彩的混合

不同色相混合可产生新色相。如果把三种基本色光（红、绿、蓝）等量相混，即变成白光，失去彩度；如果把红、黄、蓝三种颜料（三原色），按同一比例相混合，就会产生一种灰暗的色，也失掉彩度；如果两个补色按同等比例相混合，也会产生一种没有彩度的灰暗的色。而按不同比例相混合，可以得到有某种色相倾向的灰；按不同比例混合非补色色相，则产生千差万别的色相。

色的混合大致可分为以下两类：

**1. 色光混合**

其特点是，色光混合的次数越多，明度越高。由于不同的色相是以色光的混合并直接投射的方式形成的，因此，感觉十分美妙动人。光作为一个造型的重要因素，在形态创造上是不可忽视的，在色彩表现上就更加重要。

光的三原色为红、绿、蓝。红光和绿光的等量混合形成黄光，红光和蓝光的等量混合形成紫光，绿光与蓝光的等量混合形成蓝绿光，红、绿、蓝光的等量混合即形成白光。如果改变比例，改变亮度，会形成更加丰富的色光。

**2. 颜料的混合**

（1）三原色等量相混

颜料的三原色为红、黄、蓝。其特点是混合的次数越多，明度越低。红与黄等量相混形成橙色；红与蓝等量相混形成紫色；蓝与黄等量相混形成绿色；三种原色等量相混形成灰暗的黑浊颜色。

（2）叠色混合

即在一层颜色上再重叠另一层颜色。如果两种颜色为透明颜料，所得的新色相为稍稍偏向后叠颜色的中间色相，明度也稍降低；如果在红色上再叠加一层透明的蓝色颜料，那么形成的紫色则稍稍带点蓝味；如果是半透明颜色（如印刷油墨）的重叠，形成的色相就更偏向后叠颜色。掌握这种叠色的规律，在设计上可以用很少的颜色创造出更丰富的效果。关键是要掌握叠印次序形成的色彩效果。

（3）圆盘旋转混合

将颜色按同等比例放在混色圆盘上进行旋转，于是各种颜色便混合成一种新的颜色。这种混合方法与颜色混合法相近似，但明度上却是被旋转各颜色的平均明度，不像混色那样明度会降低。因此，这种方法产生新色相的明度既不像色光（加色）混合那样相混合的色相越多，明度越高，也不像颜色混合那样，色相越多明度越低，这种圆盘旋转混合的明度处于前两者中间，故属于中性混合。如果把三原色等量放在圆盘上，旋转后便形成一种中明度灰的效果。

（4）空间混合

空间混合也属于中性混合的一种。与圆盘混合的方法所不同的是，在画面上将各种颜色并置，然后退到一定距离，则会发现颜色的混合效果。因为这种混合必须借助一定空间距离才会有新的感觉，故称空间混合。这种方法可以在色彩印刷的网点并置上找到明显的例证。新印象派（如修拉、西涅克等人）在研究谢弗勒尔色彩同时对比原理的基础上，创造了点彩画法，即利用色彩的空间混合原理而获得一种新的视觉效果。如果用来进行混合的颜色面积越小，不同颜色穿插关系越紧密，混合效果越显得柔和。

用这种方法获得的新色相，显得丰富、多彩，且有一种跃动感，明度也比较高。如红与蓝的空间混合会获得一种明快的紫色；蓝与黄的空间混合可获得一种明快活跃的绿色；红与绿的空间混合可获得一种跃动的近似金色的中明度灰。

## 二、景观色彩的造型特点

### （一）背景和图形的相对性

一般来说，当我们观赏一幅画时，画面图形和背景的关系是固定的，图形就是图形，背景就是背景，无论近看或远看都不会改变这种既定关系。但在景观环境中，情形则复杂得多，一幢建筑在某种景观范围内是图形，在另一种景观范围则是背景。

#### 1. 景观的图形特征与视点距离有关

在一定距离观看时，建筑整体轮廓在视场中心，建筑具有图形效果。随着视距拉近，背景图形关系会发生变化，当建筑的周边轮廓接近视场边缘时，建筑的墙面则变为背景，建筑前的小雕塑、花坛、水池、面上的小型构件和细部却成为图形。

#### 2. 景观的图形特征与环境有关

在自然环境中个别的、孤立的建筑通常具有图形效果。这时，建筑的色彩即是图形的色彩。在建筑密集的城市环境中，身着各色服装的人群、汽车、引人注目的广告牌等通常构成景观的中心，街道后面的建筑一般是起背景作用的。

3. 景观的图形性质与自身的特征有关

一般性的无特色景观通常作为新颖的、有特色的景观的背景；灰调子建筑容易成为色彩艳丽建筑的背景；大体量、大面积的建筑则往往成为小建筑的背景，整体通常作为局部的背景。在进行景观色彩造型设计时，需要根据多种因素从不同范围进行全面综合考虑。

## （二）景观内容的规定性

景观的色彩造型是建立在景观形体之上的，它受到景观主题及多种形式规律的制约，包括结构、构造、功能、技术、材料等的限制。在具体的景观色彩造型设计中，设计师应善于把各种制约因素变为可以利用的条件，结合各种景观形体和内容是处理景观色彩造型的有效方法。

## （三）景观色彩的面积感

景观中使用的色彩有大面积的，也有小面积的。背景色是大面积的，图形色是小面积的。欧洲早期园林中林园与花园便是这种关系的体现。面积对色彩的效果有不可忽视的影响，色块越大，色感越强烈。在小块色板上看起来很清淡的色彩，大面积使用时可能会感到鲜艳、浓重。在建筑色彩造型中常常出现由于误判了色彩的面积效果而造成失败的例子。在景观中使用色彩，除小面积地点缀色彩外，一般应降低彩度，否则难以获得预想的效果。

## （四）景观色彩的时空可变性

景现形态是处于时间、空间中的，其色彩也必然受到时间和空间的影响。人与景物的距离及观察角度的不同，对色彩的表现效果会产生不同程度的影响。同样色彩的景观，当近距离和远距离观看时，色调、明度和彩度都有明显的变化。远处的色彩会由于大气的影响趋向冷色调，明度和彩度也随之向灰调靠近。

1. 季节变化对景观色彩的影响

春、夏、秋、冬的季节变化和阴、晴、雨、雪的天气都会使景观处于不同的景色陪衬之下。

2. 天气变化对景观色彩的影响

天气变化给自然光源带来了色彩的丰富性。光源的色彩变化对景观的色调有直接的影响。晴天时，太阳光线一般是极浅的黄色，早上日出后两小时显橙黄，日落前两小时显橙红，景物在朝霞和夕阳映照下呈现的色彩绚丽的景象是一天之中最富表情的时刻；阴天的时候，太阳光通过云层的折射，光源显出冷色调，使景物的色彩笼罩在清凉的色调之中。

3. 受光与背光对景观色彩的影响

因为景观形态是立体的，景观色彩具有空间效果，因此景物受光的阳面与背光面及阴影面色彩是很不相同的。在相同光源的照射下，同样色彩的景观形体表面，由于受光条件的不同会呈现不同的色彩差别，我们正是通过这些差别，区分出平面和立体，感知景物的体积和量感。

此外，落影、倒影对景观的色彩造型的影响更加具有趣味性。落影使景物受光面增加了明暗对比的效果，同时，落影的形状还增加了景观的丰富性。一些设计师对落影进行精心设计，创造出奇妙多样的阴影造型，如杭州花港观鱼公园的梅影路、香山饭店白粉墙前的油松都是利用落影创造的趣味性景观。倒影在景观中的成功运用更是不胜枚举，常用的有建筑、园桥、塔、碑、树木、山体、白云、飞鸟等，其色彩使景物更具魅力。

4. 反光建材对景观色彩的影响

反光的建筑材料对光源和空间环境的色彩最为敏感。景观色彩的时空变化性在玻璃幕墙的建筑中得到了最生动的表现。美国著名建筑师西萨·佩里成功地运用了玻璃幕墙展示气象万千的变化，人们从中可见曙光与夕照的美景及闪烁迷离的城市奇观。

5. 灯光对景观色彩的影响

夜间，景物的灯光向着无边的夜幕放射着夺目的光彩，景物的轮廓若明若暗、若隐若现，使得人造光源的景观更加神奇和富有感染力。景观色彩的时空变化性使单调的色彩产生许许多多的变化。我们从景观的色彩变化中，不仅得以识别形体空间，而且可以从中感受到生机与活力。

## 第四节　立体构成

### 一、立体构成的分类

构造有各种方式。按物理中力的构造的方式，构造可分为静态平衡式、动态运动式和集聚式。

### （一）静态平衡式

静态平衡式又可分为对称式和非对称式。

#### 1. 对称式

对称，是最常见的一种平衡方式。一般来讲，天平构造的形态与杆秤相比，其平衡感前者强于后者。其主要原因取决于天平构造属于对称性静态构造。对称式的平衡构造，比较安定、庄重，具有安宁的静态美。在景观设计中常用的拱形构造就属此类。很多主题建筑的前庭后院在园林布局上多采用中轴对称的方式。

#### 2. 非对称式

日常生活中也存在类似于杆秤构造的非对称性平衡式静态构造。如等量不等形的构造性设计和同形不同色或同色不同形的形态性设计等。这类造型大都趋于生动，富于变化性动感。因其适度的形色比例关系内在地受着一种平衡力的支配，故其造型仍然能保持和呈现一种耐人寻味的稳定。

### （二）动态运动式

动态流动源于动力，动力能源的种类很多，主要可分成两大类：自然力和人工力。这里列举的主要是自然力造型，如风力、水力、热力、重力、惯性力、弹力和磁力等。动力能源种类不同，其形态造型也不同。

利用风力，可以创造出摆动、转动等构造的形态，如风车就是最典型的例子。

水车，是人们利用水景造型的最好实例。很多水源因为存在地形高低落差变化而形成瀑布和喷泉等，这是最好的天然水动造型。利用此种原理再加入其他人工因素（如光和电等），就可以创造出更加美妙、更具魅力的现代水动造型，音乐喷泉就是这一领域的最杰出的作品。

利用弹簧构造的弹力，人们可以只需要开启而不用关闭，这在门、盖类器物、器具的构造上是最常见的。人们合理利用和发挥这类物理性的材料力源，不仅可以节省人力和电力，还可以创造出神奇而富于艺术魅力的形态来。

利用电力是动态构造的又一特色。根据预先设定的力度大小和运动速度，可使造型的动态变化保持恒定的规则运动状态。

### （三）集聚式

世界上的生命体，在胚胎时期，其头、脚、躯体大多是紧紧地贴合在一起的。因此，对于集聚式构造，人们有着与生俱来的亲和力。两个以上的形体联结，必须有一个构造物才能得以实现。这一构造物可以是面状的、线状的，也可以是其他任何形状的。

从形态上讲，有线式的、面式的、体式的；从材料上讲，可以是石头、雕塑、树木等；从色彩上讲，其变化就更是不胜枚举。如果再与其他形态组合变化，则可产生更加丰富的形态。

## 二、立体构成的技法

每一种形态的元素，每一种成形材料，都潜藏着丰富的造型原理和方法。掌握了技法和原理，不仅能事半功倍，而且能后劲倍增。在实践中加以总结、归纳，形成立体构成的方法论，会使设计造型能力在原有水准上得到进一步提高。

### （一）一纸成形

一纸成形技法与一物多用设计一样，在现实的造型世界里，具有不可低估的经济意义，其合理、省料、省工等特点，都是形态创造和现实生活所必须遵循的原则。一纸成形能有效地提高学生的经济意识和合理使用单一材料的能力，使其在利用有限平面形态最大限度地发掘立体空间的潜能方面，得到实际的锻炼和体验。

在实际训练中，有以下三类形态。

#### 1. 原形法

不改变和破坏平面原形的基本特征，如原形为正方形，其形态变化及其加工制作仍然保持在正方形状态中展开。

#### 2. 互换法

局部地改变原形特征，以局部互换位置的方式造型。其物尽其用的效果，和原形法是一样的。然而，由于在构造形式和方法上塑性增大，其形态的变化范围和质量也相应扩大和提高。

#### 3. 减量法

这种方法也是属于比较积极的类型。局部的剔除可以增加整体造型的生动性、通透性。

### （二）同形异材

当今世界，科学昌盛，学科交叉，学术研究出现了一派新景观。比较文化、比较文学、比较艺术、比较造型，在比较中得到了空前发展。即使构造形态完全相同，由于造型材料的属性不同，其形态效果也存在差异和变化。作为一种激化思维、开发创造力的方法，同形异材是立体构成基础训练中的重要一环。其突出特点在于形成对比差异，一般包括软硬对比、色彩对比、光洁与粗糙对比、形态属性如线与面的对比等。

两种材料的属性越相似，其模拟后的效果也就越近似；反之，则差异越大，甚至大相径庭。

### （三）平面立体化

在日常工作中，我们对形态的空间特征和属性，一般以度和维来表示，日本及我国的香港、台湾地区则常以次元来表示。比如：对具有长度和宽度的形态，称为二度或二维空间形态和二次元形态，并俗称平面形态。对具有长度、宽度和厚度的形态，称为三度或三维空间形态和三次元形态，并俗称立体形态或空间形态。对具有长度、宽度和厚度，并还具有先后次序变化因素的形态，则称为四度或四维空间形态和四次元形态，俗称时间形态。

在设计中，二维、三维甚至四维形态共存，是常见的事。另外，在不同的过程，不同的需要，同一个形态需要有不同维、度或次元的变化也是经常碰到的事。为此，在基础训练中，对形态的属性进行彼此转换性变化是非常有必要的。

具体的造型训练中，常有以下几种方法：

#### 1. 高度和空间的立体化

对原有的形态赋予高度和空间因素的变化，这种变化的建设性很强。平面形态时，大多以纸为载体，而赋予厚度和空间属性后，无须采用一定的结构性材料，通过使用一定的工具和技术，便能得以成形。广为人知的二维图形和图案经常被立体化处理。

#### 2. 正负形与图底分离立体化

在平面上，正形和负形、图和底紧密相连的形态，通过立体的切割分离后，重新调换空间位置，能生成丰富有趣而又协调统一的立体化造型。

#### 3. 平面形态的肥厚立体化

二维空间的形态有了厚度，其立体的空间形态就脱胎而出。如再加以进一步发展，还可使这类立体、空间形态做时间化的表现。

### （四）视点转换

著名荷兰画家埃歇尔（Eschelr）常利用人们对平面图形的固定视觉概念进行逆向发挥和创造。半个世纪以来，他创作的平面、立体形态极富神秘性、趣味性和新奇感，令美术界、设计界和美学界，甚至数学界诸多权威人士也为之赞叹不已。埃歇尔造型作品的奥秘主要在于：思维方式的反常性转换及其严谨的数理性表现。视点转换，在这里，既是一种新的思维方式，也是一种新的造型表现技法。

#### 1. 颠倒空间关系

局部颠倒平面作品中的空间关系，或近大远小变为近小远大，或使合理的上下左右连接关系局部错位，在使得正常的构图法则混乱，进而重新安排空间法则的同时，有序地排列其主题性形态，达到既幽默、奇特、神秘和怪诞，又具有美感和艺术震撼力的视觉效果。

#### 2. 模糊轮廓线

模糊两事物间的空间轮廓线，使空间关系出现矛盾和混乱，创造出全新的空间概念和景观。

#### 3. 数理性渐变

在同一空间和同一时间中，天地共存、昼夜共存，这在中国画中并不足为奇。然而，通过采用数理性的互变手法使得这种不合理的共存，在视觉上变为合理又合情，这是值得借鉴的新技法。

近年来，在埃歇尔等新型艺术家造型原理的影响下，在艺术和设计领域，在现实生活的实际应用和环境空间中，出现了很多杰出的造型作品。

# 第五节　空间构成

## 一、空间的形态

### （一）空间形态的基本特征

从构成的角度讲，空间形态是指由物体所限定的或所包围的三次元空间，即可感知的有形的空间，是由实体和空虚共同组成的空间。

#### 1. 空间的限定性

空间形态必须借助实体来限定才能形成，通过限定，把空虚变成视觉形象，才能从无限中构成有限，使无形化为有形。

#### 2. 空间的内外通透性

空间形态的创造目的是满足人们的各种应用，例如，居室的空间是为了居住，容器的空间是为了容纳东西，各种不同的容纳都涉及空间内外的流通，故空间必须具有内外通透性。

#### 3. 空间可感知的内部性和外部性

由于空间具有内外的通透性，人们对空间的感知就有两种情况，即外部感知和进入内部的感知。进入内空间之前，可以看到空间形态的外表面的组合，体会不到内部空间气势变化的特点，这种情况与观察立体形态相同，主要运用视觉和触觉去感知。而对于内空间形态，则主要靠视觉和运动，可以完整地体会空间的变化气势，如高大宽敞的空间气势雄伟，有庄严、神圣之感，可用作会议厅等；而尺度宜人的空间则相对亲切，有宁静、舒适之感，可用作居室等。

### （二）空间形态的限定方法

空间一般由顶界面、底界面、侧界面围合而成，其中有无顶界面，是内外空间的重要标志。限定要素本身的不同特点和限定元素的不同组合方式，所形成的空间限定感也不尽相同，空间边界实体的材料、形状、尺度、比例、虚实关系以及组合形式都会在很大程度上决定空间的具体限定手法，包括设置、围合、覆盖、凸起、下沉，以及材料、色彩、肌理变化等多种手段。

### 1. 水平要素限定的空间

（1）基面

一个水平向上简单的空间范围，可以放在一个相对的背景下，被限定了尺寸的平面可以限定一个空间。基面有三种情况：地面为基准的基面；抬到地面以上的水平面，可以沿它的边缘建立垂直面，视觉上可将该范围与周围地面分隔开来，为基面抬起；水平面下沿到地面以下，能利用下沉的垂直面限定空间体积，为基面下沉。

（2）顶面

如同一棵大树在它的树荫下形成了一定的绿荫范围，建筑物的顶，也可以划定一个连续的空间体积，这取决于它下面垂直的支撑要素是实墙还是柱子。屋顶面可以是建筑形式的主要空间限定要素，并从视觉上组织起屋顶面以下的空间形式。如同基面的形式一样，顶面可以经过处理去划分各个空间地带。它可用下降或上升来变换空间尺度，通过它划定一条活动通道；或者允许顶面有自然光线进入。顶棚的形式、色彩、质感和图案，可以经过处理来改进空间的效果或者与照明结合形成具有采光作用的积极视觉要素，还可以表达一种方向性和方位感。

### 2. 垂直要素限定的空间

垂直形状，在我们的视野中通常比水平面更加活跃，因而用它限定空间体积会给人以强烈的围合感。垂直要素还可以用来支持楼板和屋顶，它们控制着室内外空间视界和空间的连续性，还有助于调节室内的光线、气流和噪声等。

常见垂直要素有六个。

（1）线要素

一根线无方向性，容易成为空间的中心、焦点而形成中心限定；两根以上在同一条直线上排列、编织的线可限定一个消极的虚面，可用于空间的划定，且会使空间产生流通感；三根和三根以上不在同一条直线上的线可排列、编织形成若干虚面，可产生限定和划分作用，产生围合感，形成各种空间体积。另外，这些线的数量、粗细、疏密都会对限定程度的强弱造成影响。

（2）一个垂直面将明确表达前后面的空间

它可以是无限大或无限长的面的部分，是穿过和分隔空间的一个片，它不能完成限定空间范围的任务，只能形成一个空间的边界，为限定空间体积，它必须与其他形式相互作用。它的高度的不同影响到其视觉上表现空间的能力。当它只有 60 cm 高时，可以作为限定一个领域的边缘；当它齐腰高时，开始产生围护感，同时它还容许视觉连续性；但当它高于视平线时，就开始将一个空间同另一个空间分隔开来了；如果高于我们身高时，则领域与空间的视觉连贯性就被彻底打破了，并形成了具有强烈围护感的空间。

（3）一个“L”形的面

它可以形成一个从转角处沿一条对角线向外的空间范围，使空间产生内外之分，角内安静，有强烈围护感、私密性，滞留感强，角外流动性强，且具导向作用。“L”形面是静态的和自承的，它可以独立于空间之中，也可以与另外的一个或几个形式要素相结合，去限定富于变化的空间。

（4）平行面

它可以限定一个空间体积，其方位朝着该造型敞开的端部，其空间是外向性的。面有很强的流动感、方向感，空间导向性很强；由于开放端容易引人注意，可在此设置对景，使空间言之有物，避免空洞；另外，空间体的前凸和后凹可产生相应的次空间，利于消除长而不断地夹持空间所产生的单调感。

（5）“U”形面

可以限定一个空间体积，其方位朝着该造型敞开的端部，在其后部的空间范围是封闭和完全限定的，开口端则是外向性的，具有强烈方向感和流动性是该造型的基本特征，相对（2）（3）（4）所述的三面，它具有独特性的地位，它允许该范围与相邻空间保持空间上和视觉上的连续性。“U”形底部具有拥抱、接纳、驻留的动势。

（6）四个面的围合

将围起一个内向的空间，而且明确划定沿围护物周围的空间。这是限定度最强的一种形式，可完整地围合空间，界限明确，私密性强。

另外，面的围合程度除了与形状、数量以及虚实程度有关外，还与分隔面的高度有关，其高低绝对值以人的视觉高度为标准。高度越低，其封闭性、拦截性均相应地减弱，甚至只起形式上的分隔作用，视觉空间仍是连续的。



## 二、空间的组合

### （一）空间组合的要求

在典型的建筑设计纲要中，对不同的空间有着不同的要求，而这些要求中一般是存在着共同性的：具有特定的功能和形式；使用上有机动灵活和自由处理性；具有独一无二的功能性和意义；同功能相似而组成为功能性的组团或在线性序列中重复出现；为采光、通风、景观与室外空间的通连性需要适当地向外开发；因私密性而必须隔开；须易于人流进出。

一个空间的重要性、功能性和特征作用因其在空间中的位置而得以显示。具体情况下，其形式取决于：纲要中对功能的估计，量度的需要，空间等级区分，交通、采光或景观的要求等；根据建筑场地的外部条件，允许组合形式的增加或减少，或者由此促成组合对场地的特点进行取舍。

### （二）空间的组合形式

#### 1. 单一空间的组合

单一空间可通过包容、穿插、邻接关系形成复合空间，各空间的大小、形式、方向可能相同，也可能不同。

（1）包容式

即在原有大空间中，用实体或虚拟的限定手段，再围隔、限定出一个或多个小空间，大小不同的空间呈互相叠合关系，即体积较大的空间将把体积较小的空间容纳在内。这样的空间也称母子空间，是对空间的二次限定。通过这种手段，既可满足功能需要，也可丰富空间层次及创造宜人尺度。

（2）穿插式

两个空间大致保持各自的界线及完整性，在水平或垂直方向相互叠合的部分往往会形成一个共有的空间地带，通过不同程度地与原有空间发生通透关系而产生以下三种情况。

①共享：叠合部分为二者共有，它与二者间分隔感较弱，分隔界面可有可无。

②主次：叠合部分与一个空间合并成为其一部分，另一空间因此而缺损，即叠合部分

与一个空间分隔感弱，与另一个空间分隔感强。

③过渡：叠合部分保持独立性，自成一体，它与两空间分隔感均强烈，成为两空间的过渡联系部分，实际上等于改变两空间原有形状并插入一个内空间。

（3）邻接式

它是最常见的空间组合形式，空间之间不发生重叠关系，相邻空间的独立程度或空间连续程度，取决于两者间限定要素的特点：当连接面为实面时，限定度强，各空间独立性较强；当连接面为虚面时，独立性差，空间之间会不同程度存在连续性。邻接式又分为直接邻接和间接邻接。

2. 多空间的组合方式

多空间组合，其形式有线式组合、中心式组合、辐射式组合、组团式组合、网格式组合五种类型。根据具体情况和要求，构成的单元空间既可同质（形状、尺寸等因素相同），强调统一、整体，也可异质，强调变化以及营造中心。

（1）线式组合

按人们的使用程序或视觉构图需要，沿某种线形组合若干个单位空间而构成的复合空间系统。线式空间具有较强的灵活可变性，线的形式既可以是直线，也可以是曲线和折线，以及环形、枝形、线形，方向上既可以是水平方向的，或是存在高低变化的组合方式，也可以是垂直的空间，容易与场地环境相适应。

（2）中心式组合

一般由一系列的次要空间围绕一个大的占主导地位的中心空间构成。中心空间的尺寸要足够大，并大到足以将其他次要空间集中在周围。次要空间的功能、尺寸可以完全相同，从而形成规则的、两轴或多轴对称的整体造型；也可以互不相同，以适应各自不同的功能需要和相对的重要性及周围环境的要求。中心式组合本身无方向性，因而应将通道和入口的位置设置于次要空间并予以明确的表达，其交通路线呈辐射状、环形或螺旋形。

（3）辐射式组合

由一个主导的中央空间和一些向外辐射舒展的线式空间组合而成，中心式及线式组合的要素兼而有之。与中心式组合相同，辐射式组合的中央空间一般也是规则的，其“臂膀”

可以是在形式、尺度上相同或不同，其具体形式根据功能及环境要求来确定。不同的是，中心式组合是一个向心的聚集体，而辐射式组合则是一个向外的扩张，通过其线式“臂膀”向外伸展，并与场地特点和建筑场地的特定要素相交织。辐射式组合还有一个特殊的变体，即风车图式，其线式臂膀沿着正方形或规则的中央空间的各边向外延伸，形成一个富有动势的风车翅，视觉上产生一种旋转感。

（4）组团式组合

通过紧密连接使各个空间互相联系的空间形式。其组合形式灵活多变，并不拘泥于特定的几何形状，能够较好地适应各种地形和功能要求，因地制宜，易于变通，尤其适于现代建筑的框架结构体系的使用。组团式组合采用具有秩序性、规则性的网格式组合，使各构成空间具有内在的理性联系，整齐统一，正因如此，组团式空间也很容易混乱和单调乏味。

（5）网格式组合

它是通过一个网格图案或范围而得到空间的规律性组合。一般由两组平行线相交，其交点建立了一个规则的点的图案，这就形成了网格，再由网格投影成第三度并转化为一系列重复的空间模数单元。为满足空间量度的特定要求，或明确一些作为交通和服务空间地带，可使网格在一个或两个方向呈不规则式；或因尺寸、比例、位置的不同形成一种合乎模数的、分层次的系列。另外，网格也可以进行诸如偏斜、中断、旋转等变化，并能使场地中的视觉形象发生转化：从点到线，从线到面，以至最后从面到体的变换。

# 第三章　景观与园林设计创新发展

## 第一节　景观与园林设计创新趋势

### 一、景观园林的设计策略

下文从空间的秩序性、尺度的适宜性、视觉的艺术性、环境的生态性和场所的包容性五个方面探讨了园林景观设计师在实践创作研究时应该关注的问题。通过对这些策略的解读，为园林景观设计师们提供一个宽泛的思想平台，拓宽他们的思维视野，使他们能够更加清晰、更加准确地介入设计需要考虑的各个方面，有的放矢地进行园林景观的创作研究。从西方所罗门王子瑰丽的神殿到光怪陆离的荷兰风景油画，从中国的“囿”和“圃”到山水园林，“园林景观”这个富有魅力的词汇闪烁于人类文明的长河之中，光鲜而璀璨。

#### （一）空间上的秩序性

1. 界定景观轴线

本质上讲，轴线是连接两点或更多点的线性规划要素。它总是被看作一个联结的要素。由此可见，园林景观轴线的界定是必要的。因为轴线的引入可以使景观系统具有方向性、秩序性。但园林景观不同于其他的景观类型，它更在意景观所创造的意境，所以轴线的形式有时是笔直的，有时可能是曲折的，但界定轴线的目的就是确立空间组织的逻辑顺序，以此契合于景观的功能需求，创造景观的场所氛围。苏州私家园林景观的曲折轴线就让我们体会到了景观空间的无穷变化，感知了景观空间带给我们的无限魅力。

### 2. 梳理空间内涵

如果说轴线是景观系统的中枢，那么景观涵盖的空间内涵就是附属于中枢上与人交流的媒介。每一个目的就是一种需求，每一种需求就意味着一种行为，每一种行为就必然决定着一种空间模式。梳理空间的内涵就是基于整理景观所承载内容的设计原则。只有明晰景观涵盖的内容，我们的空间组织才会有的放矢。在设计园林景观时必须将景观所要涵盖的内容梳理清楚，进而根据各种内容赋予其最为适宜的空间模式。对有相互交叉的或是可以统一的空间进行编排，从而形成清晰的空间模式的组合关系。

### 3. 区分空间等级

当梳理出空间内涵时会发现这是一个关于景观目的罗列的庞大列表，要想在场地内同时包容如此多的内容有时是不切实际的。由此必须理清各种景观需求，明确它们之间的轻重关系，即明确景观空间的等级。这一原则的目的就是使我们在园林景观创造中正确地对诸多的问题进行科学的取舍。明确空间等级的逻辑关系之后，我们才会清晰地利用场地，合理地进行空间的组织，甚至在必要时牺牲某一需求，从而保全景观系统总体的逻辑关系。在确定了空间的等级之后，还要明确空间的模式，将它们合理地归纳为一个个集合单元，然后思考它们之间的关系，经过缜密的推敲，从而论证其是否有交集、并集或是相离的关系。

### 4. 确定空间序列

空间的序列是一些连续的、独立的空间场所，他们之间以通道相连，人只能感受到其中的一个空间。确定空间序列的原则是明确了空间等级之后，通过景观序列的组织，给景观空间以节奏变化、韵律美感和弹性体验。确定空间的序列是空间秩序性原则的最后环节，其目的是深化空间的秩序，同时在正确的秩序基础上赋予景观空间形式上的美感，甚至使人们通过对空间的感知引发哲学意义上的思考。景观空间不仅需要高潮性的景观轴线与丰富的景观内容，更为重要的是通过对空间序列的处理将子系统景观空间合理地进行布局，就像优秀电影中高超而又巧妙的剪辑过程，使人们体会到景观的时间变化、强度更迭以及情景交织的过程，从而获得心智愉悦的体验。空间序列的处理就是解决空间与空间关系的艺术，空间之间是需要衔接的，而衔接就意味着机会，空间序列的艺术处理必然会增加景观的魅力，使景观在良好的逻辑关系中具有和谐与美丽的情感内涵。

## （二）尺度上的适宜性

### 1. 弱化人为压力

对于论述尺度适宜性的原则也是依据这样的逻辑，从大的园林景观尺度到人的个体尺度。如何协调园林与人的关系，是创作中必须面对的问题。在实践中，避让与弱化是我们对于园林景观的回应。这种方式也是尊重既有的自然环境，尊重发展的有机秩序。针对过大尺度的压力，我们采用谦逊的态度和顺从、弱化的景观营造手法。适时地协调尺度之间的和谐关系，以谦卑的姿态修正尺度对于园林景观的压力。

### 2. 遵从场地功能

空间与尺度的关系：尺度是数量的度，而空间是需要感知的，更多是基于人的经验。由此可以说，景观中的空间既需要数量尺度的纬度又需要空间感知的经验。基于尺度与空间的关系，在这里引出了景观中的恒定尺度与协调性尺度。景观中的恒定尺度是指遵从于硬性功用景观的要求而产生固定尺度，而协调性尺度则是起到过渡与调和的作用，遵从于景观的功能是针对恒定尺度与协调性尺度之间的关系而提出的，协调性尺度的景观是恒定尺度景观之间的连接媒介。只有限定好协调性尺度的景观，才会使景观系统运作流畅，才会契合于景观外延的需求。

### 3. 协调园林体量

景观组织紧凑、灵活，在尺度上遵从于园林对于景观的支配。在设计实践中一定要慎重地处理景观竖向界面及景观构筑物，尤其要注意它们自身的高度、体量以及对园林环境的影响。同时要注意景观空间的节奏组织，对于园林中的景观节点与景观空间尽量要谦卑一些，景观空间的侧界面要控制适宜，空间的强度也要适宜，以利于园林的自然环境进行有机的承接，而整体的景观系统则要注意适时地用比较柔化的界面对园林的总体空间尺度进行修饰，最终使园林的自然环境和谐地与景观共生。

### 4. 适宜人体尺度

无论探讨园林尺度、景观尺度还是设施尺度，最终我们的视角还是基于人的尺度。不同的人对于同一事物的感知是不同的，但有时感知的结果却是趋同的。可以认为，在尺度与“人”的关系中，“人”的概念应该是普遍性的，是人的社会群体。人性交往的四种距离尺度：①亲密距离，人和人的距离小于 0.5m，主要靠嗅觉和触觉，视觉并不重要；②私人距离，人与人的距离 0.5 ~ 1m，触觉和嗅觉起到一定的作用，视觉起到主导作用；③社交距离，人与人的距离 1 ~ 2.5m（较小），2.5 ~ 5m（较大）认知主要靠视觉和听觉；④公共距离，人与人的距离 5 ~ 10m，这个限定根据文化社会或个人的因素有所不同。

人的视觉与听觉的信息摄取量占信息接收总量的 90%，加上嗅觉以及社交空间等诸多因素，在边长为 20 ~ 25m 的立方体的景观空间范围内，人们可以获得比较好的视觉感知来进行社会交流，超出此范围感知的强度就会急剧地下降。

### （三）视觉上的艺术性

#### 1. 引用自然之美

引用自然之美有两层含义：一是借景于自然山水之美；二是借用自然本质之美。借景于山水是出于景观层次的创造目的，将秀美山川作为景观层次的远景引入其中，使视觉美感的空间拉伸至一个更为深远的层次。而借用自然本质之美是出于应用自然元素自身的美学优势创造景观，美分为形式美、具象美、意蕴美三个层次。借景于自然、汲取于自然的设计原则正是期待契合于美的自然景观的视觉体验。引用自然之美，是关注美的意蕴，更是在意于亲近自然的美学趋向。引用自然之美也是在发掘自然景色资源，以一种熟识的美感赋予景观广博的胸怀，以借景的创作方法将大地理尺度的自然景观与人为创作的景观连接起来。

#### 2. 创造界面之美

界面因空间而生，是界定空间的要素。界面之美是设计实践中视觉形式美的核心。景观中的竖向界面往往决定了景观空间的性格，而顶界面却是相对开放的。底界面的形式美关乎景观空间的整体美感，小面积的底界面也会影响到受用者的视觉感受，而竖向界面的形式美则关乎公众对于视觉美感认知的大部分体验，因为相对于单一的底界面与开放的顶界面，侧界面更充满着无限形态的变化与丰富的肌理表达。

#### 3. 意会空间之美

空间之美在于空间自身的魅力给我们以情感的波澜，也在于空间和谐的尺度关系带给我们轻松、顺畅的行为方式。在园林景观中，意会空间之美的原则是抽象的，但确实是存在的，抽象于空间的本质存在于人们的内心。园林景观的空间之美在于空间包容的一切，更在于空间自身是否能够唤醒人们对于这虚无概念的情感意识。意会空间之美是设计的原则，也是我们追寻的目标，但它却是滞后的，只有公众在景观中快乐享受生活与游憩之时，我们的空间之美才会真正美得其所。

#### 4. 隐喻人性之美

在诠释景观之美设计原则的道路上，尽端无疑是人性之美。美最终要公众感知，隐喻人性之美是贯穿视觉的艺术性原则的核心线索和主宰一切景观创作的美学要义。人性之美，纯真、纯善。人性之美诠释了艺术追求的最高层次，不是美丽的形式，也不是深长的意味，而是打动人的心灵。隐喻人性之美的原则也就是我们景观视觉创造期盼的幸福的终点。

### （四）环境上的生态性

#### 1. 尊重生态价值

生态价值观的确立是环境生态性原则的核心，在园林景观设计中，生态的价值观更是我们设计中必须尊重的观念，它应与人的社会需求、艺术与美学的魅力同等重要。从方案的构思到细节的深入，时刻都要牵系着这一价值观念。以这一观念回应人与自然的和谐共生；以这一观念支撑生态景观的设计；以这一观念影响着设计师和景观受用的公众，在设计与生活时尊重自然带给我们的生命的意义。尊重生态价值是一种观念的形成，并不能仅凭观念去解决景观中的实际问题，它更像是支配性的原则，让我们时刻有着关于尊重环境状况、理解自然的态度。

#### 2. 接纳生态基质

美好的园林生态基质不得不使我们去积极地接纳，并成为我们景观设计中贯穿始终的线索。在现代景观设计中有着许多关于大地理尺度景观的生态基质、蓝带、灰带等景观概念，这些大地理尺度的景观诠释着景观设计大环境概念的完美无瑕。从大地理景观的气候角度、从水系的生理感知角度、从生态基质的景观优势角度，我们都要细致地考虑。量身定做我们的景观，使自然的美好环境与我们的景观斑块更好地衔接，从而融为一体。

#### 3. 修正场地环境

外界环境的客观存在决定了景观的微观生态环境，其中噪声、尘土、建筑、季风、不良气流等都对景观的环境造成了不良的影响。修正景观的环境就是基于以上不良因素而提出的设计原则，即以景观的界面为媒介调解场地内的生态环境，如：通过营建高大乔木群景观阻隔噪声与不良空气；通过景观界面的营造疏导不良气流；通过场地内大量的绿色植物的引入降低场地温度；等等。修正这一原则以批判的视角观察场地的现状，而批判是否精准还要依靠实践中准确地发掘与不断地实践来加以论证。

4. 挖掘乡土资源

因地制宜、就地取材、适时而生。生态是对环境而言的，契合乡土正是从环境自身进行挖掘，从而探究环境和谐的本质。契合乡土绝不仅是观念层面的意识导向，也不仅是泛泛的生态设计原则，它的要义在于解读乡土环境以此根植于景观设计之中，契合乡土的意义极为深远，不仅在生态环境的营造上，也延伸到经济、文化、美学等诸多的方面。契合乡土就是创造属于公众的美好园林景观环境，让人们真正地体会到“此中有真意，欲辨已忘言”的意境。

## （五）场所上的包容性

1. 包容宽泛群体

场所是传播情感的空间能量，我们希望这一能量能够最大化地给予公众。在实践中，我们要始终如一地坚持包容宽泛群体的原则，细致入微地深入体贴人性的景观界面、毫无障碍的交通系统、充满绿色生机的休闲景致、高效舒适的景观。场所是情感的集合，而情感之中我们更要关注包容，一切景观营造的目的都以包容公众的受用质量为主旨。包容宽泛群体不仅是指导实践的原则，更是景观营造的价值取向。

2. 汲取地缘文化

可以说，文化是场所聚合的第一动因，也是各种行为起始的缘由。景观设计也正是基于“文化动因”这一内聚力，将地域、民族、历史以及生活中人们的文化积淀与生活模式转化成园林设计的素材和景观设计中空间组织的依据。无论是直观的视觉体验，还是行为及生活习惯；无论是物质构成的熟识感知，还是精神体验的似曾相识，关于场所感的认同，主要还是源于对地缘文化的认同，所以地缘文化的提炼深度与拓展广度决定了文化特质景观的品质，决定了能否得到公众认同。

#### 3. 呼应心灵需求

其实我们每一个人都渴望亲近自然、亲近绿色、亲近闲适、亲近运动。当我们将若干园林景观作品推出让人们去自由选择时，往往最多的选票都会投在关注心灵需求的作品，因为此类作品涵盖了人性最为本质的亲近自然、释放自我的真谛。在设计实践中，契合高级的心理需求无疑是场所认同的绝佳途径，无论是出于亲近自然的心理，还是出于休闲游憩的需求，甚至渴求获得喘息的愿望，等等。

#### 4. 诠释景观精神

园林景观精神的诠释要依靠公众对于自然的参与，而不是在文字或是演讲中富丽堂皇地虚无包装。只有当公众在景观中享受生活时，那种场景才真正地诠释了平凡、真实而又生动的园林精神。场景的产生需要人物、场地与情节，而场地与情节的良好创造正是这一原则提出的初衷。在实践中，诠释景观精神意味着丰满景观的情感。景观诸多抽象的内涵要通过景观物化的形式得以实现，除必要的设施与场地，更多的要在景观界面加以诠释。物化的形式不仅停留在创造人们感知精神的层面，还要注重景观表达的深度与公众接受程度的良好衔接，充分考虑到公众的文化积淀深度。

通过对空间、尺度、视觉、环境、场所等设计要素的解析，强调了在园林景观设计实践和创作中需要考虑的因素，使设计师们可以清晰地获取如何高效率、高质量地进行园林景观设计的方法，从而创作出更优秀、更适合大众需求的作品。

## 二、园林景观建筑设计与发展

随着我国社会的发展，经济的繁荣以及人民生活和文化水平的大幅度提高，人们对物质和环境质量提出更高的要求，特别是近年来，我国正处于重构城市景观的重要时期。各地风景区、公园、游园、景观绿地大量增加，园林景观建筑作为园林景观重要的构成要素，发挥着不可替代的作用。

### （一）园林景观建筑的特征及与其他建筑类型的不同

园林景观建筑的功能要求，主要是为了满足人们的休憩和文化娱乐生活，艺术性要求高，园林景观建筑应有较高的观赏价值并富于诗情画意。由于园林景观建筑受到休憩游乐生活多样性和观赏性强的影响，所以在设计方面的灵活性特别大，可以说是无规可循，“构园无格”。设计者可能有这个体会，即设计条件愈空泛和抽象，设计愈困难。因此，对待设计灵活性大，要一分为二，既要看到它为空间组合的多样化所带来的便利条件，又要看到它给设计工作带来的困难。园林景观建筑所提供的空间要能适合游客在动中观景的需要，务求景色富于变化，做到步移景异，换言之，在有限空间中要令人产生变幻莫测的感觉。因此，推敲建筑的空间序列和组织观赏路线，比其他类型的建筑显得格外突出。园林景观建筑是园林与建筑有机结合的产物，无论是在风景区还是市区内造园，出自对自然景色固有美的向往，都要使建筑物的设计有助于增添景色，并与园林环境相协调。在空间组合中，要特别重视对室外空间的组织和利用，最好能把室内、室外空间通过巧妙的布局，使之成为一个整体。组织园林景观建筑空间的物质手段，除了建筑营建之外，筑山、理水、植物配置也极为重要，它们之间不是彼此孤立的，应该紧密配合，构成一定的景观效果。



### （二）园林景观建筑在设计方面的特性

#### 1. 立意

园林景观建筑的立意包括设计意念和设计意向两个方面，意念是基于对设计对象初步研究而产生的概念性设计意图，它与特定的项目条件紧密相关。意向是意念的形象化结果，设计者通过园林景观建筑语言进行积极的想象和发挥形成形象性的意图。立意是对设计者知识结构、艺术涵养和思维方式的考验，只有观察敏锐、经验丰富、知识渊博、联想广阔，才能孕育出创新的构思，激发出设计灵感。

#### 2. 选址

园林景观建筑选址与组景构思是分不开的。如何使园林景观建筑和周边各种环境发生对话关系，构成和谐统一的有机整体，是景观设计师首先要解决的问题。因此，首先要注意结合环境条件，因地制宜综合考虑园林建筑、地形、水体及植物配置等问题，既要注意尽量突出各种自然景物的特色，又要收放自如，恰到好处。另外，还要充分考虑、详细了解土壤、水质、风向、方位等地理因素对园林建筑的影响。

#### 3. 布局

（1）空间组合形式

园林建筑的空间组合形式通常有以下几种：①由独立的建筑物和环境结合，形成开放性空间。点景的建筑物是空间的主体，因此对建筑物本身的造型要求较高，使之在自然景物的衬托下更见风致。②由建筑组群自由结合的开放性空间。这种建筑组群一般规模较大，与园林空间之间可形成多种分隔和穿插。布局上多采用分散式，并用桥、廊、道路、铺地等使建筑物相互连接，但不围成封闭的院落，空间组合可就地形高下，随势转折。③由建筑物围合而成的庭院空间。这种空间组合，有众多的休闲场所可用来满足多种功能的需要。在布局上可以是单一庭院，也可以由几个大小不等的庭院相互衬托、穿插、渗透形成统一的空间。从景观方面说，庭院空间在视觉上具有内聚的倾向。一般情况不是为了突出某个园林建筑物，而是借助园林建筑物和山水花木的配合来突出整个庭院空间的艺术意境。④混合式的空间组合。由于功能式组景的需要，可把以上几种空间组合的形式结合使用，称混合式的空间组合。⑤总体布局统一，构图分区组景。规模较大的园林，须从总体上根据功能、地形条件，把统一的空间划分成若干各具特色的景区式景点来处理。在构图布局上又能互相因借，巧妙联系，有主从之分，有节奏和韵律感，以取得和谐统一。

（2）对比、渗透与层次

①对比：对比是达到多样统一取得生动协调效果的重要手段。具体到园林景观建筑中的对比是把两种有显著差别的因素通过互相衬托突出各自的特点，同时要强调主从和重点的关系。对比是园林建筑布局中提高艺术效果的一项重要方法。在运用中要注意主从配置得当，防止滥用而破坏园林空间的完整性和统一性。

②渗透与层次：园林景观建筑设计，为了避免单调并获得空间的变化，常常采用组织空间的渗透与层次。处理好空间渗透与层次可以收到突破有限空间的局限取得大中见小或小中见大的变化效果，从而得以增强艺术的感染力。主要有相邻空间的渗透与层次和室内室外的渗透与层次两种方式。采取的手法主要有对景、框景、利用空廊及园林建筑空间穿插、错落彼此渗透，增添空间层次。

（3）空间序列

园林景观建筑空间序列通常分为规则对称和自由不对称两种空间组合形式，前者多用于功能和艺术思想意境要求庄严的建筑和建筑组群的空间布局，后者多用于功能和思想意境要求轻松愉快的建筑群落空间布局。

4. 借景

借景在园林景观建筑规划设计中占有特殊重要的地位，借景的目的是把各种在形、声、色、香上能增添艺术情趣，丰富画面构图的外界因素，引入本景空间中，使景色更具特色和富于变化。通过借形组景、借色组景、借香组景、借声组景等手段，利用借景对象自身特点，达到艺术意境和画面构图的需要。

5. 尺度与比例

园林景观建筑的空间尺度很难把握，不同的艺术意境要求不同的尺度感，要想取得理想的亲切尺度，一般除考虑适当调整园林景观建筑构件的尺寸使休闲场地与山石、树木等景物配合协调外，室外空间大小也要处理得宜，不宜过分空旷或闭塞。一般情况下，在各主要视点赏景的控制视锥约为60～90°，或视角比值H：D约在1：1～1：3之间，视角比值若大于1：1，则有紧迫、闭塞之感；若小于1：3，则产生散漫、空旷的感觉。

园林景观建筑设计与研究空间尺度的另一项重要内容就是推敲建筑比例，与其他建筑不同，园林景观建筑除了要推敲活动场地本身的比例外，更重要的是园林环境中的水、树、石等各种景物，都要纳入推敲范围，不仅要推敲其高度，还要推敲其形状及比例关系，使园林景观建筑与环境之间比例协调、相得益彰。

6. 色彩与质感

园林景观建筑使用色彩与质感手段来提高艺术效果时，需要注意以下几点：①作为空间环境设计园林景观建筑对色彩与质感的处理除考虑建筑本身外，各种自然景物相互之间的协调关系也必须同时进行推敲，一定要立足空间整体的艺术质量和效果；②处理色彩与质感的方法，主要通过对比或微差取得协调，突出重点，以提高艺术表现力；③考虑色彩与质感时，要注意视线距离的因素。

## （三）设计心得

1. 设计的同步思维

（1）园林景观设计与单体设计同步思维

园林景观设计与园林建筑单体之间总是矛盾交织而又有联系，呈现模糊性，我们对两者设计的思维必须同步，考虑相互的联系和制约关系，采取技术措施调整，使它们和谐统一。

（2）平面设计与空间设计同步思维

园林景观建筑设计对平、立、剖的研究应是一个同步思维进行整合设计的过程。片面考虑任何一个单一的阶段，都是对整个设计的割裂，都是不可取的。正确的方法是平面与空间设计反复同步思维，使它们逐步达到协调发展、有机结合、提高设计效果。

（3）园林景观建筑设计与技术设计同步思维

园林景观建筑设计的最终确定是以环境技术条件为前提的，如果没有技术条件的支撑，再好的方案也是空中楼阁，因此，园林景观建筑设计一定要和技术设计同步思维，甚至要先对结构设计进行独立思考，以控制建筑设计的展开。

2. 设计调整互动推进

在设计过程中要从各方面入手，展开思考，不断推敲，发现设计中的不足及未解决的矛盾，及时展开互动调整工作，避免设计中走弯路，提高设计效率。

人类的思想、心理需要随着社会的发展不断地改变，新时代园林景观建筑也要走创新的道路，要经历实践、演进的过程。尤其随着人与环境矛盾的日益突出，现代园林不单纯是作为游憩的场所，而应该把它放在环境保护、生态平衡的高度来对待，那么园林景观建筑设计也应该从这些方面去追求，不断总结经验，提炼发展，使它更适宜人们观赏，更适宜生态环境。

## 第二节 园林景观人文与人性化元素

### 一、人性化设计

#### （一）“人性化设计”的含义

人性化设计是使设计产品与人的生理、心理等方面因素相适应。以求得人与环境的协调和匹配，从而使使用主体与被使用客体之间的界面趋于淡化，使生活的内在感情趋于悦乐和提升。具体到园林景观，则体现于景观的整体感觉须满足人们日常生活的舒适心理，各个细节须在满足功能要求的前提下，符合人们的身体尺度，并使人产生积极健康的心理反应。

## （二）“人性化设计”在具体生活中的体现

园林景观设计领域，人性化设计则体现于各个实在的元素。一草一木、一桌一椅，细微之处皆体现出设计者的独具匠心。

### 1. 景观气氛的合适烘托

从某种意义上讲，园林景观处于建筑客体与人群主体之间，是联系建筑与人群之间的情感纽带，也通过一系列景观元素体现居住者的文化品位与生活层次。如古代私家园林，必尽显其私密性与独享情趣。因此，在划分区域或造景上面产生很多曲折、细腻的手法，崇尚诗意造园，整体感觉有水墨画的淡雅格调。而与之相反的公共园林，其主要目的是满足社会公益生态环保与公共休憩需要，服务对象是大多数的社会人群，所以其定位也是面向大众的层次。因此须极力展示其公共性能和共享性能，本身的设计出发点即是让人来去自如，对参与人群的层次却不做具体要求。只有社会生产力越发达，公共设施的发展层次才越高。现代居住小区园林，则融合了私家园林与公共园林的双重功能，既要有强大的兼容性，以供不同层面人群的聚散，又需要动静分开，满足不同年龄层人群的个人需要。因此而有了适合人流聚集的会所，有了功能明确的儿童乐园和老年人活动中心等。所以，居住小区相对而言属于一个消费层面集中同时兼容性强的人群聚集区域，最能体现社会大众层面的生活水平。

### 2. 景观功能的合理运用

园林艺术的美感表达，很大程度上依托景观的表现形式。而景观功能的合理与否，则直接决定了主题园林的成功与否。以园林景观中最为普遍的休闲座椅为例，20 世纪 80 年代以前，休闲座椅只作为临时坐靠的功能性设施，反映的也是当时社会满足温饱就好的社会愿望。20 世纪 80 年代以后，随着人性化要求逐步形成，休闲座椅也日益演化，完善着其作为功能性与观赏性的双重使命。在满足视觉美感的基础上赋予其合理的坐靠使用功能，使得美学价值与使用功能得到完美结合。

### 3. 景观环境对人群心理的调节

人群的心理情绪受天气和自然环境的影响。良好的景观环境的创造，改善自然环境的同时亦调节人群心理状况的舒适度。因此，只有当我们的社会文明足够发展，属于多维空间概念的景观设计主题趋向于健康、文明的方向的时候，才能为人居环境起到积极的促进性作用。

## 二、人文化设计

### （一）“人文化设计”概念

较之于人性化设计，人文化设计更强调设计理念的运用。强调文化底蕴和文学元素的参与及表现。通过文化符号在设计中的合理运用，充分展示环境的文化品位和历史的传承发展。

### （二）“人文化设计”的具象化设计对象

#### 1. 园林景观水系

水系景观是造园手法里一个必不可少的基本元素。人类自古择水而居，现代人群也正慢慢意识到：真正高品质的生活，在于融入自然和谐的生态环境，在于具有历史底蕴的人文气息。中国传统的水景“曲水流觞”，在现代园林里出现，现代材料融合传统风骨，自是一番闲情风月。

#### 2. 园林绿化的安排

绿化具有调节光、温度、湿度，改善气候，美化环境，消除身心疲惫，有益居者身心健康的功能。住宅小区的绿化设计，应兼具观赏性和实用性，同时充分考虑绿化的系统性、空间组合的多样性，从而获得多维的景观效应。公共景观体系，则应该以营造有利于发展人际往来的自由生长的树木为主。

#### 3. 园林小品的点缀

在这充满复古气息的时代里，现代的工艺，现代的设计思维，结合民族的、传统的表现符号，在一处处让人赏心悦目的园艺小品里，得到最完美的体现。

#### 4. 园林铺地的表现形式

现代园林里，朴实无华的青石板路，以简单几何形体自然重复铺就的青砖地面，从来都是设计者与使用者的最爱。原本，过分的修饰从来都只是暂时的，只有那些立足最本质的根本功能，才是不断被需要的对象。

5. 园林特征的地域性

不同的地域拥有不同的地方文化特色，根据各地区不同的气候条件或风土人情，园林特征所体现出来的特点也具有不同气息。多水的南方园林，体现的是丰富的水系文化；而干燥的北方，应该多采用色彩较鲜艳的玻璃、钢材质等。

## 第三节 文化传承与园林景观设计发展趋势

### 一、对待本国传统造园理念——取其精华

中国古典园林的发展已有相当漫长的历史，并且形成了与世界其他国家迥然不同的造园理念和表现形式。

“园”字，最早出于《诗经·郑风·将仲子》：“将仲兮，无榆我园，无折我树檀。”毛传云：“园，所以树木也。”实乃种植花果、蔬菜的地方，四周通常围有垣篱；此“园”乃“圃”之性质。由于原始的山川的崇拜，帝王的封禅活动，再加上神仙思想的影响，大自然在人们的心目中尚保持着一种浓重的神秘性。则宫苑布局出于法天象、仿仙境、通神明的目的，有的如上林苑还兼具皇家庄园和皇家猎场的性质。我国园林中，最早的建筑——“囿”和“台”：囿既是种植瓜果蔬菜的地方，又是狩猎的场地；台则是帝王用于封禅、祭天的场所。

先秦、两汉的园林从产生到发展，在时间上跨越了1200年左右，造园活动的规模十分庞大，园林演进变化却是极其缓慢的，面对大自然山水风景，还未形成其审美意识——虽本于自然，但未必高于自然。在本于自然方面，如梁孝王的兔园和袁广汉的北邙山园，都在内容和形式上效法帝王宫苑，只是在规模上不能与帝王宫苑相比，故尽力模仿自然山水，从而开创了“模山范水”造园手法的先河。

魏晋南北朝历时369年的动乱时期，思想、文化、艺术活动十分活跃，是中国古典园林发展史上的一个重要的转折阶段。在这一阶段，游赏活动已成为主导的甚至唯一的功能，而狩猎、通神和求仙已存在逐步消亡的趋势。与此同时，寺观园林的出现则开拓了造园活动的新领域，对于风景名胜的开发起着主导性的作用。“一阐提人皆可成佛”赋予寺院园

林公共性质。从此之后，中国古典园林形成了私家、皇家、寺观三大类型并行发展的局面。总之，此阶段园林的规划由粗放转变为较细致的、更自觉的设计经营，造园活动已完全升华到艺术创作的境界。

隋唐园林在魏晋南北朝所奠定的风景式园林艺术的基础上，随着封建经济和文化的进一步发展而臻于全盛局面。不仅发扬了秦汉的大气磅礴的气派，又在精致的艺术程度上取得了辉煌的成就，从而出现了三大园林特色。

第一是皇家园林。皇家园林作为帝王园居活动频繁的场所，其在隋唐三大园林类型中的地位是独一无二的，这种独具的特色则是“皇家气派”，与魏晋南北朝时相比，显得尤为重要，出现了像西苑、华清宫、九成宫等这样一些具有划时代意义的作品。

第二是私家园林。私家园林的艺术性较之上代又有所升华，则更着意于刻画园林，诗人王维的诗作生动地描写山野、田园的自然风光，使读者悠然神往，他的画亦具有同样气质而饶有诗意。足见唐代文人已开始形成诗、画互渗的自觉追求。文人如王维、白居易、杜甫等均有参与经营园林的经历，从而反映出园林文化开始追求诗画互渗的写意山水园的建园风格。白居易曾云：“营园主旨并非仅仅为了生活上的享受，而在于以泉石养心，培育高尚情操，所谓高人乐丘园，中人慕官职。”写意山水园最为典型的是唐朝众多文人墨客建造的庭院、庄园。在思想上，孔子的“智者乐水，仁者乐山”已成为造园家造园立意所必须遵循的一条重要原则。从《辋川集》对辋川别业的描述看来，也有把诗画情趣赋予园林山水景物的情况，因画成景，以诗入园的做法在唐代已见端倪。从而能通过山水景物诱发游赏者的联想活动，意境的塑造亦已处于朦胧状态。再者，儒家的现实生活情趣，道家的少私寡欲和神清气朗，新兴的佛教禅宗的园林观，都对造园有显著影响。南方的湖石及花木以白居易为代表已向北方移植，作为北国江南景观的材料。所有这些，都在一部分的私家园林的创作中注入了新鲜血液，成为宋、明文人园林兴盛的启蒙。

第三是寺观园林。寺观园林的普及是宗教世俗化的结果。城市寺观具有城市公共交往中心的作用，寺观园林亦相应地发挥了城市公共园林的职能。郊野寺观的园林把寺观本身由宗教活动场地转化为点缀风景的手段，吸引香客和游客，促进原始旅游业的发展。也在一定的程度上保护了生态环境。宗教建设与风景建筑在更高的层次上相结合，促成了风景名胜尤其是山岳风景名胜区普遍开发的局面。

从两宋至清雍正朝700多年间，中国古典园林继唐代全盛之后，持续发展而臻于完全成熟的境地，这是中国园林史上一个极其重要的时期。私家、皇家、寺观园林类型都已完全具备中国风景式园林的四个特征。另外，文人园林经唐代的启蒙，兴起于两宋，大盛于明代和清初。作为一种新兴的园林风格，它的四个特征正是中国风景式园林的四个主要特点在某些方面的外延。正是由于文人园林的发展壮大，才使得这一时期的园林发展达到极盛的境地。

并且园林的创作方法主要向写意转化，北宋大体上仍然沿袭隋唐的写实与写意相结合的传统，这从《艮岳记》和《洛阳名园记》的文字描述中也可看出。南宋文人画出现于花坛，使得人们的审美观倾向写意的画风，再加上诸如“小中见大、须弥介子、湖中天地”之类的美学观念的影响，对写意园林的兴起也有一定的促进作用。元、明文人画盛极一时，几成独霸画坛之势，影响给予园林而相应地促成了写意创作的主导地位。同时，精湛的叠石技艺，造园普遍运用叠石假山，也为写意山水园的发展创设了更有利的技术条件。

中国传统园林从“壶中天地”转向于“介子纳须弥”，其空间显得更为狭小。康熙、乾隆两帝时期的皇家园林除紫禁城的宫苑外，多集中在西部一带，相继建成著名的“三山五园”，即畅春园、圆明园、香山静宜园、玉泉山静明园、万寿山清漪园。后便于承德兴建规模更大的离宫御苑——避暑山庄。皇家园林的重点从前朝的大内御苑转移到离宫御苑，使皇家园林观发生变化——融合江南私家园林的风格，高扬皇家宫廷的气派，突出大自然生态环境的美姿三者融合一体，比之宋、元、明御园来，大有创新，标志着我国造园艺术的发展达到了历史上的最高峰。在封建帝王的高度集权统治下，使中国园林长期处于一种逐步积累，相对稳定相当保守的渐进式发展过程。因此，使它可能创造出与其他民族迥然不同的、具有浓重的本民族特色的园林风格。从“天人合一、君子比德、神仙思想”到“小中见大、须弥介子、壶中天地”；从“崇尚华丽、争奇斗富（以官僚贵族为代表）”或表现隐逸，追求山林泉石之怡性畅情之倾向（以文人名士为代表）到“虽由人作、宛自天开、多方胜景、咫尺山林”。在空间格局规划上，完全地自由灵活而不拘一格，着重在显示纯自然的天成之美，表现一种顺乎大自然风景构成规律的缩移和模拟。

## 二、对待西方传统造园理念——洋为中用

“他山之石，可以攻玉。”纵观西方园林的发展，从空中花园的隐语到伊斯兰环境设计，从古希腊的中庭式建筑布局到法国的规整式布局。如西方园林艺术，身受数理主义美学思想的影响，讲究规矩格律、对称均齐，具有明确的轴线和几何对位关系，甚至花木都加以修剪成形并纳入几何关系之中，力求体现出严谨的理性，一丝不苟地按照纯粹的几何结构和数学关系发展，追求园林布局的图案化，表现一种为人所控制的有秩序的自然、理性的自然，并迫切地寻求人类尊严的表达方式。同时也肯定了人工美高于自然美，在于变化统一，即园林地形和布局的多样性，花木的品类、形状和颜色的多样性，但一切的多样性都应井然有序，布置的均衡匀称，主张把园林当作整幅构图，直线和方角的基本比例都要服从几何比例。

## 三、景观设计的现状和发展

### （一）文化在景观设计中扮演的角色

在研究这个问题之前，我们首先必须弄清楚什么是文化，文化的本质和特征是什么。从《辞海》一书中对“文化”的解释，可分为广义和狭义两种。广义指人类在社会实践过程中所获得的物质、精神的生产能力和创造物质、精神财富的总和。狭义指精神生产能力和精神产品，包括一切社会意识形式：自然科学、技术科学、社会意识形态；有时又专指教育、科学、文学、艺术、卫生、体育等方面的知识与设施。作为一种历史现象，文化的发展有历史的继承性；在阶级社会中，又具有阶级性，同时也具有民族性、地域性。不同民族、不同地域的文化又形成了人类文化的多样性。作为社会意识形态的文化，是一定社会的政治和经济的反映，同时又给予一定社会的政治和经济以巨大的影响。

从中不难发现，文化具有一种传承性、民族性、地域性，它的形成是一个相当漫长的过程，甚至可以追溯到上千年之久，而且，各个民族之间又存在文化差异。谈及文化具有独特传承性的事物，就会自然而然地涉及与其密切相关的“历史”。

历史是一面镜子，过去、现在、未来是沟通的，我们要认识中国的现在，就必须了解中国的历史；同理，我们要认识西方发达国家的现在，也就必须要了解他们的过去。纵观人类的发展史，我们不难发现：几乎所有的中、外的古老城市都经历许多社会、政治和经

济上的变化与制度上的更替，但每一座历史名城依然以其独特的形象存在着。政治、经济的变化比城市结构形态变化要频繁的多。城市的形象是在某一个历史时期，由各种社会、经济、技术综合因素形成的。然而，一旦形成之后，在形式上它就具有了自主性与连续性，成为一种文化的历史表征。在城市中具有标志性的建筑，尽管在功能上已经不能满足现代使用要求，但其形式仍然令人喜爱，留下难忘的印象，其历史和文化价值远远超出其功能价值。它的存在增添了环境的历史趣味与文化氛围。

### （二）杜绝表面形式建造和保护，着手具有精神内涵和本国特色的区域性景观的营造

从景观设计到室内设计，在一定程度上，我国已经有了一些被世界认同的、相对较为优秀的设计大师或设计师。伴随各类建造师注册制度的开始，促使该行业逐步走上正规化，但城市自身的风格建设却未从此得到良好改善和发展。随着时间的推移，现今又产生了许多"地中海式"的需求，许多作品低级抄袭，毫无内涵，使得普通群众在繁忙的工作后很难弄清究竟需要什么样的环境，更不明白自己可以在这些环境中做些什么。而房地产商却急于将方案中设计的"欧式花园"效果图展示给客户，以寻求更大的炒作效益。

### （三）借保护古镇，来倡导区域文脉

古镇——具有特色的镇市空间格局能够自然而然的对镇市居民产生归宿感。

古镇的空间格局是古镇在特定时期受累积的社会文化历史发展影响所表现出的与自然环境面貌的关系，及其建设构筑物的结构布局方式，包括古镇地理状况、空间轮廓、主要交通状况和建筑布局形态。

空间格局是古镇在外部形象上所具有的特殊性，使人由此很容易识别自己镇与其他镇的区别，具有审美价值。其空间格局的重要作用还表现在空间与人的相互影响与塑造上，好的空间格局对居民产生的积极意义是无法估量的。

在美丽南溪江畔，散布着无数大大小小的古村落。这些古村落至今还留存着古代文化的印迹。村寨在规划布局、建筑风貌、楹联碑记，甚至村名、街名，无不显示着丰富的文化内涵。特别是南溪江古村落在宋代就有规划，且有明确的规划思想，这对于研究我国的建筑史、规划史具有很高的价值。这些村落都是珍贵的历史遗存，我们只要对其进行观察

和研究，就可以大体了解我国古代“耕读社会”与“宗教文化”的梗概。

### （四）环境的可持续发展

“可持续性”这一概念是由生态学家首先提出来的，所谓生态持续性，它旨在说明自然资源及其开发利用程度间的平衡。国际生态学联合会（INTECOL）和国际生物科学联合会（IUBS）联合举行关于可持续发展问题专题研讨会。该研讨会将可持续发展定义为：“保护和加强环境系统的生产和更新能力。”

我国自20世纪80年代开放之后，在经济、科技、文化等领域取得了令世人瞩目的成绩。人民生活水平显著上升，国家综合国力进一步提高、国防安全能力不断加强……但也存在一些问题有待解决，尤其是环境问题。有些地方或企业为发展经济而发展经济，缺乏长远的规划和发展的理念，只顾满足当前的利益，而大量地消耗资源，严重地污染生态环境最终形成高投入、低产出、资源消耗高、环境污染严重的恶性循环。为了扩大生产规模和获得更多的经济利益，缺乏规划的产房（用水泥空心砖随意搭起）东一堆，西一堆，在数量上不断地增加，不计其数的古民居被拆毁，基址夷为平地用于建厂房，为了降低成本，他们不愿意把资金投入，用于购买污水处理设备，就把工厂生产出来的污水直接排到外界。昔日清澈见底的、弯弯曲曲的小溪流水，鱼儿、小虾快活地在长满青苔的鹅卵石上游来游去，碧绿的湖面上布满了荷花、荷叶等水生植物的自然意趣已消失殆尽，留下了比黄河之水更胜一筹的黄水（含有各种大量重金属致癌物质）和散发着恶臭的黑水；现在只能在用围墙包围着的人工痕迹明显的公园里看到清澈的溪水。昔日晴空万里、碧蓝的天空，雪白的棉花状的云朵在空中缓缓地移动着，现在已被厚厚气体、沙尘所掩盖。先前人们不屑一顾，而今已成为一种难得一见的景观，东部的人们为了目睹这种景观，特地跋山涉水，来到西部的西藏等地。

设计中要尽可能使用再生原料制的材料，尽可能将场地上的材料循环使用，最大限度地发挥材料的潜力，减少生产、加工、运输材料而消耗的能源，减少施工中的废弃物，并且保留当地的文化特点。这样，经过多年的建造可有效地改善区域的生态环境，刺激城市经济与社会发展，并巧妙地将旧有的工业区改建成公众休闲、娱乐的场所，不仅尽可能地保留了原有的工业设施，作为地区历史的延续，并有效节约资源，同时又创造了独特的工业景观。环境和生态的整治工程，一定程度上解决了由于产业衰落而带来的环境、就业、居住和经济发展等诸多方面的难题，从而赋予旧的工业基地以新的生机。

城市扩张和基础设施建设是必需的，土地也是有限的，但是，我们必须认识到，自然系统是有结构的。协调城市与自然系统的关系绝不是一个量的问题，更重要的是空间格局和质的问题，这意味着只要通过科学、谨慎的土地设计，城市和基础设施建设对土地生命系统的干扰是可以大大减少的，许多破坏是可避免的。尊重自然发展规律，倡导能源和物质的循环利用和场地的自我维持，应将发展可持续的处理技术等思想贯穿景观设计、建造和管理的始终。

## 四、景观设计所面临的挑战

### （一）以人为本，以民为本

人类对于美好生活环境的追求，是景观（规划设计）学学科专业存在的唯一理由。从伊甸园到卢浮宫，从建章宫到拙政园，人类历史实现了从理想自然到现实自然的转化，在传统时代，景观一直是理想、艺术、地位和权力的象征，而工业化和城市化催生了现代景观——19 世纪末期纽约中央公园的出现，标志着现代景观的真正开始，景观开始走上了平民大众化之路。今天的景观涉及人们生活的方方面面，现代的景观是为了人的使用，这是它的功能主义目标。虽然为各种目的而设计，但景观设计最终关系到为了人类的使用而创造室外场所。为普通人提供实用、舒适、精良的设计应该是景观设计师追求的境界。

当人类第一次进入太空，从遥远的天际看到我们生活的地球，仿佛是绿、蓝相间的水球，柔软而晶透，而城市是其中的瑕斑，似乎有些缺憾，它们的成片发展更使得地球的皮肤显得苍老而脆弱。如果不处理好城市与城市之间的关系，地球就会像被虫蛀一般慢慢地被损坏。今天，景观设计师面对的基址越来越多的是那些看来毫无价值的废弃地、垃圾场或其他被人类生产、生活破坏了的区域，这与我们前辈的情况完全不同，他们有更多的机会选择那些具有良好潜质的地块，具有造园价值的土地，锦上添花。因此，今天的景观设计师更多的是在治疗城市伤疤，用景观的方式来修复城市的肌肤，促进城市各个系统的良性发展，为人类提供一个安全、洁净、舒适、美丽的生活空间。同样，景观对社会的积极作用也许已经超过了历史的任何时期。

在国际上，景观规划设计学作为一门现代学科专业，也只有百年历史，不可否认，景观设计还处于初级阶段。随着景观规划设计学不断发展、完善以至成熟，以及景观设计实践不断推进、开拓、创新，景观设计这一科学领域将会给人类带来巨大的财富。

### （二）社会性、艺术性、生态性的平衡

应以提高经济效益为中心，以提高国民经济的整体素质和国际竞争力，实现可持续发展为目标，积极主动、全方位地对经济结构进行战略性的调整，坚持在经济发展中进行推进经济结构调整，在经济结构调整中快速发展。

景观设计涉及科学、艺术、社会、经济等诸多方面因素，它们之间是一个有机的整体，相辅相成，缺一不可。功能合理、满足了不同人广泛的使用需要的作品，意味着是高效的，而一定的资源投入产生了最大的效益，也意味着符合一定的生态原则；人类的资源是有限的，最容易得到的资源就是通过高效利用现有资源而节约下来的那部分资源，所以生态主义已经从一种实验或意识变为一种与经济密切相关的因素；而艺术的作品，意味着具有引人注目的潜质，它可以改善一个地区的视觉环境，提升一个地块的价值，这又与社会经济联系在一起。今天更多的景观设计师追求的是这些因素之间的平衡，即具有合理的使用功能、良好的生态效益和经济效益及高质量的艺术水准的景观。

### （三）强调物质文明和精神文明相统一

目前和今后人们生存方式的变革使得新环境出现，它应该是显性物质环境和隐性精神环境的良好结合。第一，从物质上讲，环境是我们或其他生物种类赖以生活并能感受到的外部空间；第二，从精神上讲，环境是人们因生活在一起相互沟通而产生的心理感应，也就是说，好的环境还是一种教育、交流的结果。因此，在不远的将来，我们的生活应该会有大的变革，而这种生存方式的变革必然会引起全方位的设计革命。

# 第四章　园林规划与设计中的技术应用

## 第一节　GIS 在园林规划与设计中的应用

### 一、GIS 对园林规划与设计的影响

#### （一）参与决策性的 GIS 对园林规划的影响

参与性GIS，是另外一个从传统GIS演化而来的，已经用于推进社会和环境的公平调控，通过传统 GIS 来搭建技术的桥梁。GIS 能够成为一个处理空间知识、社会和政治力量以及在地理和风景园林领域理想的介质。多媒体硬件和数据重建，使得对于包括数码相片、声音文件、手绘图和三维表现的空间认知多样化。一个巨大的研究案例将 GIS 参与贯彻进入多样化的公共决策制定过程，改善了以往的方法，而且也展示了风景园林师对于这个软件的应用前景。

研究人员研究了 GIS 在对森林资源分配中的缓和矛盾的价值和行动的影响。在这项研究中，当介绍 GIS 时，对于激烈磋商的利益相关者具有重大影响。某些项目小组成员对于地图有着不正确的认识，他们限定自我在磋商中的参与，并且轮流降低自我的谈判力。当 GIS 引入磋商时机合宜时，允许当事人尽量少集中于对别人主张的争论，而且集中精力来探讨新的思想，特别是关注和提出此时此刻需要关心的问题。GIS 的应用促进了实体化观点、主张和控告的证据，证明要减少对于推测的依赖，要实事求是地考虑，才能形成得出最终结论的基础。

对于一般用 GIS 在早期公众参与中就建立图纸的风景园林师，这样的方法是非常重要的。尽管其他的研究展示了团体组织适用于自己对 GIS 的解释框架而且想象着去生产出本地需要的空间叙述，而且能够适应城市空间政策的多样角色和关系。这些产生了灵活的且满足不同受众的策略。将空间叙述纳入 GIS 数据之中，可以使得社区、条件和容量能够想象化。

这项灵活的 GIS 定性数据可以给风景园林师带来很多益处。很明显，可以增强他们对于正在工作的场地的分析能力和增加他们对于社区的认知能力，改善他们对于设计决策交流的能力以及返回社区的意愿。空地作为存在问题的活动区域（毒品交易、暴力、流窜），空间叙述旨在阐释实例，展示出潜在于社区空间，结构或人的问题。有利条件可以说明现存的有益于改变社区空间、结构和人的资源和机会。空地作为住宅和商业的建造地:不公平之处体现在了社区和其他场所和尺度之间。在多功能社区中的空地，阐释了不公平的状况。成就体现在社区组织在邻里关系方面的成功协调（身体的和物质的发展形式）。空地包含在社区组织经济适用房之中。重新解释现在的官方数据在新的框架中实现，以促进邻里优先和议程。空地在城市数据中被设计，由社区从未被使用的土地中分成不同的社区公园。

### （二）有形界面的 GIS 对园林规划的影响

马歇尔 · 麦克卢恩（Marshall McLuhan）提出“媒介就是信息”，其意思是设计师所选的介质会直接影响到信息对外界认知。在风景园林规划领域，信息是指一个被完成的设计作品、总体规划和城市公园等。当地理信息系统参与到设计过程之中时，其影响贯穿设计的整个过程。在个人层面上，设计师对空间关系的理解受到计算机用户界面的强烈影响。设计者通过键盘和鼠标存取数据，或多或少影响到了设计师对有形物体空间关系的认识。目前，研究者在使用有形界面的领域已经取得了突飞猛进的发展，而且融入了设计师的灵感和能力来控制诸如建筑模块和泥塑模型，这样的努力使得现在的设计师能够像他们以往使用传统方法对材质进行捏、折、拉，同时又能够使用完整的 GIS 的分析方法和过程。

米提索瓦（Mitisova）提出了一个实用的 GIS 新方法，在这种方法中，GIS 和被照明的黏土模型被用来探索各种结构布置，而且模拟地形变化以控制沉淀物沉积和本土流域性洪水。一台投影仪被用来将土壤土地覆盖、和建筑足迹等数据投影在物理模型之上。设计师使用小积木和黏土来模仿新建筑的布置和坡度的变化与更替，水文学的模型使用被投影在物理模型的新风景信息和结论中来实现。这些投影可以揭示出那些具有洪水和侵蚀问题的地方，运算需要几秒钟，能够帮助使用者试验多种的设计可能性。可以想象，如果这样的技术在早期就纳入设计，它的潜力是很大的，这样项目小组和客户就能够联机来讨论评价他们的想法。



### （三）思维型的 GIS 对园林规划的影响

ESRI 公司引进的 ArcGIS 软件升级版，能够结合手绘风格的思维过程，附加 GIS 空间分析能力。ESRI 的升级计算机环境可以允许设计师迅速绘制新产品，并即刻分析它们的影响能力。当外加上一个数码手写板，GIS 的功能就像是在一个绘图板上嵌入环境数据。例如，风景园林师可以绘制很多可供选择的场地规划方案，然后测试每一个覆盖范围，观察水流影响、循环障碍等。用这样的方法，复杂的空间数据被嵌入思维过程，从而在理论上做出一个更具说服力的设计。

## 二、GIS 在园林规划与设计中的应用

中国风景园林学与西方风景园林学的形成和发展历史存在许多不同之处，而 GIS 技术又起源于西方国家。因此，当探讨 GIS 技术在中国风景园林学中的应用和发展时，不能与中国园林的历史和发展相脱离，否则就会产生新技术在中国“水土不服”的现象。目前，GIS 技术在中国风景园林行业的发展还处于启蒙阶段，还存在许多问题，因此，探讨 GIS 技术在中国园林规划领域的应用和发展具有深远的意义。

### （一）GIS 在中国风景园林规划设计中的应用

中国风景园林专业目前正处于快速整合、规范和发展阶段。GIS 是一项起源于西方的技术手段，研究它自身的快速发展以及在城市化的中国风景园林专业中的发展，对于了解这门技术的未来发展具有非常重要的指导意义。随着国家共建基础设施的不断完善，计算机技术和网络设施的发展，GIS 技术将会被普遍用于风景园林学中。

中国大百科全书《建筑、园林、城市规划》一书中写道：园林学是研究如何合理运用自然因素（特别是生态因素）、社会因素来创造优美的、生态平衡的人类生活境域的学科。我国风景园林专业在 20 世纪经历了很多曲折，先是 50 年代的“造园”和“城市及居民区绿化”，再到 70 年代的“园林”，最后到 80 年代的“风景园林”。由中国风景园林学者探索的 GIS 使用方法，在世界风景园林行业产生比较大影响力的案例目前还没有出现。目

前，国内的风景园林规划主要借助计算机辅助制图（CAD）技术。这种软件具有制图精确、成图效果好等特点，但不具备空间查询与分析能力，因此，规划成果难以用于辅助分析。

## （二）GIS 在地形地貌分析中的应用

GIS 对现状地形的分析主要包括高程、坡度、坡向、阴影、三维地形模拟以及水文分析等，现状地形地貌分析是设计师进行规划设计的基础。

### 1. 高程、坡度、坡向、阴影分析

山地、丘陵地区等地势起伏较大的场地的用地适宜性评价，常需要重点考虑坡度、坡向、日照阴影等因素，根据 DEM 地表面模型，可以进行高程、坡度、坡向、阴影等一般性的分析。坡度越小，用地适宜性就越好。坡向对降雨、光照以及土壤等有影响，在北半球南向坡和良好的日照对植物配置、休闲游乐场所的选址、观景方向、建筑选址等都有重要意义。

常用方法是以带有高程属性的 CAD 点、线地形图为基础，在 ARCGIS 软件里通过 ARCTOOLBOX 工具，将 DWG 格式转换为 SHP 格式，然后通过 3D 分析工具创建 TIN，提取出点、线空间属性数据，再通过 TIN 转栅格工具，将 TIN 转换成栅格格式，最后利用栅格表面工具生成高程、坡度、坡向、阴影等分析图。

对现状地形的分析研究能有效地指导规划设计的进行，增加规划设计的合理性和科学性，同时基础数据的叠加也丰富了图面的表达效果，更直观、方便地将设计意图展现在设计师和甲方面前。高程、坡度、坡向的分析不足之处在于对现状建筑物、构筑物以及植被的信息采集不足或者受季相影响变化较大，导致分析较粗糙，分析结果偏差较大，行业从业者应尽可能充分地采集相关数据进行分析，使分析结果趋向于更合理的方向。

### 2. 三维景观建构

三维 GIS 主要用于模拟地形、建筑、园林景观等，近几年的研究成果主要表现在三维模型（3D model）的创建上。三维模型的构建需要根据带高程属性的点、线、面来实现，再导入道路、建筑、水体等元素，建立二维半立体模型。可将其他软件如 Shetchup、Rhino、3DS MAX 等建立的复杂 3D 模型导入场景中，并添加树木、建筑等创建真三维模型。还可以制作三维路径动画，全方位地鸟瞰地形地貌。将 ArcGlobe10.0 与 3dsMax 相结合，

利用航拍图像、CAD 地形图，采集建筑物属性，建立城市三维模型，实现创建、管理三维数据。

三维景观的新趋势在于 Esri CityEngineo，它是由瑞士苏黎世理工学院的帕斯卡尔 · 米勒（Pascal Mueller）设计研发的。它可以利用已有的 GIS 基础数据，不需要转换即可迅速实现三维建模功能，还可提供可视化的、交互的对象属性参数修改面板进行规则参数值的调整，如贴图风格、房屋高度等，并且可以实现调整后效果的即时可视性。

具体操作方法是：在 CityEngine 中用包含尺寸和类型信息的多边形表示建筑底面，再用建筑高度属性将多边形拉伸，形成三维街区。如果含有窗户、阳台、层高等属性，可以使用模型规则重新构建建筑以满足要求。充分利用现场采集到的以及在各个部门搜集到的属性数据，如建筑轮廓、建筑立面形式、窗口类型及位置、屋顶的形式、层数及层高、运用的材料等信息创建高质量的 3D 模型。由 GIS 数据驱动生成的并且通过工作流的形式构建的 3D 建筑物集成对象，能够提供的信息越多，计算机软件创建的 3D 模型就越复杂、越逼真。

此外，CityEngine 建模时，还可以纳入地形地貌等因素，使建筑物、道路等模型融入地形变化中，增加模型的真实性。同时 Esri CityEngine 支持多数 3D 格式，如 3DSMAX、DXF 等，从而实现与其他 3D 软件的互通，增强展示效果，提高工作效率。ESRI 中国官网展示了南京市浦口区总体规划设计的三维城市景观及道路交通三维建模效果，很好地反映了 GIS 三维景观的发展趋向。

CityEngine 最新锐之处在于它可以基于规则进行批量建模，将 CGA 规则文件直接拖到需要建模的地块，软件可以根据规则将所有的宗地建筑物模型批量建好。在重庆某区域的三维城市模型建设过程中，设计者通过编写建筑物模型、道路模型等规则文件，在 Esri CityEngine 中实现了大场景的三维城市批量建模工作，使建设周期比传统手工建模缩短了约 30%，建模成果满足了项目设计的要求。因此，CityEngine 是迈向精准数字规划设计的重要开发成果。虽然对大场景及建筑、道路的表达较逼真，但还是存在一些不足之处，如对植物等有生命的信息元素的表达效果较粗糙，在小尺度的景观设计中表达效果不佳等。

3. 水文分析

目前，DEM数字高程数据是进行水文分析的主要数据来源。利用GIS的栅格计算能力，通过寻找中心栅格与邻域栅格的最大落差及方位可以确定流水方向，还可以进一步分析场地的流水线路、汇水区域和径流量等。据此可以得到以流域作为排水的雨水收集排放的水文图像。南京大学徐建刚教授等引入GIS流域分析法，提取了福建省上杭县客家新城的水流方向、水流长度、汇流累积量、河流网络及分级、流域划分等空间信息，进行未来城市的水系网络布局规划与设计。水文分析需要结合更大区域的水文情况进行分析，而目前从业者的运用现状主要局限于目标场地的分析评价，使得水文分析的结果不尽如人意，这是其不足之处。

## 三、GIS在园林规划与设计中的应用前景

### （一）GIS促进公众参与园林规划

传统风景园林师完全听从私人委托方，忽略了公众参与的作用，主要是因为设计师们不知道大众的需要。英国的加州分析中心公司（CACI）负责搜集社会经济学的数据，英国超市使用CACI提供的数据来决定在商店摆放商品的种类。这个案例表明大众在规划设计中具有重要的作用。如果在一个区域住满了年轻的妈妈，他们将在这些店铺放置更多的尿布和婴儿食品；而当某一区域的领取养老金的退休人员居多时，他们将在店铺摆放更多昂贵的酒类。

同样，这些社会经济数据也可以在风景园林设计中发挥效力。如果附近一带都是穷人，那么公园将用来种可以食用的植物；如果附近一带都是退休的高级主管，公园则可以种更多名贵的植物，并且安排更多的安静阅读空间。未来风景园林师如果掌握了这些数据，可以利用GIS来得到不同区域中不同使用者的信息，从而让公众参与园林设计，以满足公众的需求。GIS在园林规划中公众参与方面具有巨大的优势，它可以让人们使用基于位置的社交媒介（例如Facebook）来记录评价他们喜欢在公共空间里面做的事，使用手机还可以追踪记录下在城市中散步和骑自行车的旅程路线。得到这些信息后，风景园林师在设计过程中将采纳这些基于使用者的信息，保证设计作品的各种设施和设计路线是符合使用者，而非设计师凭空给场地的“理念”。在这种方法指导下的园林设计将会迎来更多使用者，

前景不可限量。

### （二）GIS 协助完善图纸表达

基于 GIS 的园林设计项目具有无与伦比的图纸表达潜力。它能够在短时间内表达类似于 Google Earth 和 Google 街景的 GIS 产品，这是其他绘图软件所不能达到的。绘图表达是风景园林师必备的一项专业本领，传统的手绘和 AutoCAD 软件都没有处理数据和信息形成图纸的能力。GIS 软件的制图使整个设计过程变得更具说服力。

### （三）GIS 与环境敏感设计

传统的风景园林、建筑和规划在白纸和空的电脑屏幕上进行设计。基于 GIS 的风景园林设计将应对所有复杂的环境，因为在数据库中有基址的资料，这将有助于环境敏感设计。环境理论是一个探讨新的环境设计和规划发展如何与它所处的环境相联系起来的理论。规划设计的结论基于对土地规划、区域规划和环境评价的基础之上，这一系列的现有环境特点关系到最终规划决定的产生。GIS 可以协助检验影响项目发展的自然、社会和美学方面的环境背景，它能够提供协调环境评价和土地规划使用系统数据。如果在园林设计之初可以使用 GIS 来评价现有环境和区域特征，设计师就不必将西方设计“符号语言”生搬硬套在园林土地上，同时可以将整个园林设计得更加能够满足本地人的需要。当一个城市没有根据其环境理论而进行给予环境敏感的规划设计时，城市将失去其场所精神，以及应有的文化和艺术内涵。如果 GIS 在未来可以将城市的环境背景以数据的形式存储，以绘图的形式表达，将有助于风景园林设计师实现环境敏感设计，做出符合场所精神的作品。

### （四）GIS 与可持续风景园林设计

GIS 可以实现园林设计中可持续特征的计算，能够算出一个设计项目中可持续城市排水系统的特征与场地现有排水系统的相互作用。可持续城市排水系统将通过 GIS 来定位，在风景园林师进行设计时，可以通过 GIS 处理数据，确定排水系统的位置，以设计出切实可用的排水系统。

### （五）GIS 与生物多样性规划

诗意的栖居空间是人人向往的。目前在英国国家自然博物馆（National Nature Museum）植物与动物数据库可以免费提供在线本地植物和动物详细介绍和查询，目的是鼓励园林设计师和园艺植物工作者使用本土树种、灌木和花卉。在英国，通过输入邮编得到本地植物和野生动物的方法已经覆盖了整个国家，只须在国家自然博物馆的官方网站上输入所设计场地的邮政编码，就会得到这一地区从古至今的本土植物和野生动物列表和详细介绍。这是地理信息系统和国家园林植物分布结合得很好的一个案例。这一功能将为风景园林师进行园林设计时选择植物种类带来许多便利条件。如果未来中国的地理信息系统可以完成植物分布数据信息的绘制，那么在风景园林师设计方案进行植物配置时就可以轻松而精确地选择本土树种，保证植物健康生长，避免错误地选择，或者把本不属于场地的植物安置在风景园林作品中。

## 第二节　VR 技术在园林规划与设计中的应用

### 一、VR 技术的应用基础

#### （一）VR 技术在风景园林规划与设计中的意义

虚拟现实技术对风景园林的规划与设计产生重要的影响，这主要是基于虚拟现实技术的特色实现的。虚拟现实技术的主要特色如下：

虚拟现实技术可以在运动中感受园林空间，进行多种运动方式模拟，在特定角度观察园林作品，特别是根据人的头部运动特征和人眼的成像特征可进行步行、车行等逼真漫游方式，以“真人”视角漫游其中，随意观察任意人眼能够观察到的角落。这种表现方式比三维漫游动画表现更加自由、真实。

通过“真人”视角漫游，可使沉浸其中的“游人”更好地感受园林空间的“起承转合”和园林的“意境”氛围，这对于虚拟现实技术在风景园林规划与设计中的表现具有很大的意义。可结合园林基址、街景要素、人在园路上的动态特性和虚拟现实本身所具有的最优漫游路径的实现方法，创作出较合适的园林路径，可使在虚拟风景园林基址环境、半建成环境和建成环境中漫游成为可能。在这样的漫游过程中，沿着路径前行，得到“亲临现场”的效果，在“现场”中，直接应用安全性原则、交往便利性原则、快捷和舒适性原则、层次性原则、生态性原则、美学原则等诸多园林设计理念进行推敲、漫游、辅助设计的修改，从而实现对规划与设计的优化。

虚拟现实技术可以和地理信息系统相结合，对地理信息系统辅助风景园林规划进行进一步改进。同时，通过地理信息系统的地图可以清晰地得知“游人”在园林中的具体位置。

虚拟现实技术可以应用于网络，跨越时间和空间的障碍，在互联网上实现风景园林规划与设计的公众参与和联合作图。

虚拟现实技术还可以用于风景园林规划与设计专业的教学、公共绿地的防灾、风景园林时效性的动态演示和风景园林的综合信息集成等。

## （二）VR 基础

### 1. VRML 和 Web3D

（1）VRML 技术标准的确立

网络技术与图形技术在开始结合时只包含二维图像，而万维网技术开创了以图形界面方式访问的方法。自 1991 年投入应用后，万维网迅速发展成为今天最有活力的商业热点，在此期间 VRML 技术应运而生。VRML 是 Virtual Reality Modelling Language（虚拟现实建模语言）的缩写，VRML 开始于 20 世纪 90 年代初期，尔后逐渐得到发展。1994 年 3 月在日内瓦召开的第一届 WWW 大会上，首次正式提出了 VRML 这个名字。

1994 年 10 月在芝加哥召开的第二届 WWW 大会上公布了规范的 VRML1.0 标准。VRML1.0 可以创建静态的 3D 景物，但没有声音和动画，人可以在它们之间移动，但不允许用户使用交互功能来浏览三维世界。它只有一个可以探索的静态世界。

1996 年 8 月在新奥尔良召开的优秀 3D 图形技术会议上公布通过了规范的 VRML2.0 第一版，在 VRML1.0 的基础上进行了很大的补充和完善，其是以 SGI 公司的动态境界 Moving Worlds 提案为基础的。1997 年 12 月 VRML 作为国际标准正式发布。

（2）从 VRML 至 X3D

1997 年，VRML 协会将它的名字改为 Web 3D 协会，并制定了 VRML97 国际标准。1998 年 1 月正式获得国际标准化组织 ISO 批准，简称 VRML97。VRML97 在 VRML 2.0 的基础上只进行了少量的修正。VRML 规范支持纹理映射、全景背景、雾、视频、音频、对象运动和碰撞检测等一切用于建立虚拟世界的东西。但是 VRML 在当时并没有得到预期的推广运用，因为当时的网络传输速率普遍受到 14.4k 的限制。VRML 是几乎没有得到压缩的脚本代码，加上庞大的纹理贴图等数据，要在当时的互联网上传输很困难。

在 VRML 技术发展的同时，其局限性也开始暴露。VRML97 发布后，互联网上的 3D 图形几乎都使用了 VRML。但最近几年，许多制作 Web3D 图形的软件公司的产品，并没有完全遵循 VRML97 标准，而是使用了专用的文件格式和浏览器插件。这些软件比 VRML 先进，在渲染速度、图像质量、造型技术、交互性以及数据的压缩与优化上，都比 VRML 完善，比如 Cult 3D、Viewpoint、GL4 Java、Flatland 等。

2001 年 8 月，Web 3D 协会发布了新一代国际标准 X3D（Extensible 3D），是继 VRML97 之后的标准。X3D 在许多重要厂商的支持下，整合了正在发展的 XML、JAVA、流技术等先进技术，包括了更强大、更高效的 3D 计算能力、渲染质量和传输速度，可以与 MPEG-4 和 XML 兼容，同时也与 VRML97 及其之前的标准兼容。它把 VRML 的功能封装到一个轻型的、可扩展的核心之中，开发者可以根据自己的需求，扩展其功能。

X3D 标准的发布，为 Web3D 图形提供了广阔的发展前景。从目前的趋势来看，交互式 Web3D 技术将主要应用在电子商务、联机娱乐休闲与游戏、可视化的科技与工程、虚拟教育（包括远程教育）、远程医疗诊断、医学医疗培训、可视化的 GIS 数据、多用户虚拟社区等方面。

广大风景园林从业人员当前多使用 3DS Max6.0 或 3DS Max7.0 版本，这些版本的应用依然是 VRML97 版本。此外，对数据库连接、地理信息系统、国际互联网等的研究均建立在对 VRML97 研究成果之上，故仍然采用 VRML97 标准。

2. VRML 特点

虚拟现实三维立体网络程序设计语言具有如下四大特点：① VRML 具有强大的网络功能，可以通过运行 VRML 程序直接接入 Internet，可以创建立体网页和网站；②具有多媒体功能，能够实现多媒体制作，合成声音、图像，以达到影视效果；③创建三维立体造型和场景，实现更好的立体交互界面；④具有人工智能功能，主要体现在 VRML 具有感知功能上，可以利用感知传感器节点来感受用户及造型之间的动态交互感觉。

虚拟现实三维立体网络程序设计语言 VRML 是第二代 Web 网络程序设计语言，是 21

世纪主流高科技软件开发工具，是把握未来宽带网络、多媒体及人工智能的关键技术。

### （三）VRML 相关术语

VRML 涉及一些基本概念和名词，它们和其他高级程序设计语言中的概念一样，是进行 VRML 程序设计的基础。

#### 1. 节点

节点是 VRML 文件最基本的组成要素，是 VRML 文件基本组成部分。节点是对客观世界中各个事物、对象、概念的抽象描述。VRML 文件就是由许多节点并列或层层嵌套构成的。

#### 2. 事件

每一个节点都有两种事件，即一个“入事件”和一个“出事件”。在多数情况下，事件只是一个要改变域值的请求：“入事件”请求改变自己某个域的值，而“出事件”则是请求别的节点改变它的某个域值。

#### 3. 原型

原型是用户建立的一种新的节点类型，而不是一种“节点”。进行原型定义就相当于扩充了 VRML 的标准节点类型集。节点的原型是节点对其中的域、入事件和出事件的声明，可以通过原型扩充 VRML 节点类型集。原型的定义可以包含在使用该原型的文件中，也可以在外部定义；原型可以根据其他的 VRML 节点来定义，或者利用特定浏览器的扩展机制来定义。

#### 4. 物体造型

物体造型就是场景图，由描述对象及其属性的节点组成。在场景图中，一类是由节点构成的层次体系组成；另一类则由节点事件和路由构成。

#### 5. 脚本

脚本是一套程序，是与其他高级语言或数据库的接口。在 VRML 中，可以用 Script 节点利用 Java 或 JavaScript 语言编写的脚本来扩充 VRML 的功能。脚本通常作为一个事件级联的一部分来执行，脚本可以接受事件，处理事件中的信息，还可以产生基于处理结果的输出事件。

6. 路由

路由是产生事件和接受事件的节点之间的连接通道。路由不是节点，路由说明是为了确定被指定的域的事件之间的路径而人为设定的框架。路由说明可以在VRML文件的顶部，也可以在文件节点的某一个域中。在VRML文件中，路由说明与路径无关，既可以在源节点之前，也可以在目标节点之后，在一个节点中进行说明，与该节点没有任何联系。路由的作用是将各个不同的节点联系在一起，使虚拟空间具有更好的交互性、立体感、动感性和灵活性。

### （四）VRML编辑器

VRML源文件是一种ASCII码的描述语言，可以使用计算机中的文本编辑器编写VRML源程序，也可以使用VRML的专用编辑器来编写源程序。

1. 用记事本编写VRML源程序

在Windows操作系统中，在记事本编辑状态下，创建一个新文件，开始编写VRML源文件。但要注意所编写的VRML源文件程序的文件名，因为VRML文件要求文件的扩展名必须是以“.wrl”或“.wrz”结尾，否则VRML的浏览器将无法识别。

2. 用URML的专用编辑器编写源程序

VRM编辑器是由Parallel Graphics公司开发的VRML开发工具。此外，VRML开发工具还有Cosmo World，Internet3D Space Builder等。VRMLPad编辑器和其他高级可视化程序设计语言一样，工作环境由标题栏、菜单栏、工具菜单栏、功能窗口和编辑窗口等组成。

## 二、VR技术对园林规划与设计的影响

### （一）VR技术特性对园林规划与设计发展的影响

1. VR技术的交互性、沉浸性对园林规划与设计表现的影响

（1）VR技术表现手法和传统表现手法的区别

传统的风景园林规划与设计表现方法有效果图、鸟瞰图、风景园林模型、漫游动画等，具备交互性和沉浸性的虚拟现实场景和传统表现方法的区别如下。

① VR技术与CAD的区别

和CAD相比，VR技术在视觉建模中还包括运动建模、物理建模以及CAD不可替代

的听觉建模。因此，VR 技术比 CAD 建模更加真实，沉浸性更强；而 CAD 系统很难具备沉浸性，人们只能从外部去观察建模结果。基于现场的虚拟现实建模有广泛的应用前景，尤其适用于那些难以用 CAD 方法建立真实感模型的自然环境。

② VR 技术与传统模型的区别

观看传统模型就像在飞机上看地面的园林一样，无法给人正常视角的感受。由于传统方案工作模型经过大比例缩小，因此只能获得鸟瞰形象，无法以正常人的视角来感受园林空间，无法获得在未来园林中人的真实感受。同时，比较细致真实的模型做完后，一般只剩下展示功能，利用它来推敲、修改方案往往是不现实的。因此，设计师必须靠自己的空间想象力和设计原则进行工作，这是采用工作模型方法的局限性。VR 以全比例模型为描绘对象，在 VR 系统中，观察者获得的是与正常物理世界相同的感受。与传统模型相比，虚拟园林在以下几个方面具有更加真实的表现，从而具备无与伦比的沉浸性。

运动属性。运动属性具有两层含义。其一，可以用正常人的视角，包括老年人、儿童和残疾人（具体为盲和肢残）的视角来进行运动和步行、车行各种方式来进行运动，可以更好地对方案进行比较和推敲。其二，虚拟环境中的物体分为静态和动态两类。在园林内部，地面、墙壁、天花板等是静态物体；门、窗、家具等为动态物体。动态物体具有与真实世界相同的运动属性。门窗可开关，家具的位置可以根据用户需要进行改变，再现了物理世界的真实感。

声学属性。在虚拟现实场景中，物体具有真实的声学属性，不同的事件具有相应的伴音，如水声、风声等，为用户在虚拟现实场景中的浸入增强真实性。

光学属性。虚拟现实系统通过全局照明模型来反映复杂内部结构。在虚拟现实中园林的光学表现不是单调不变的，它与所选时段的太阳位置、园林物的朝向、玻璃幕墙的状况、内部光源的位置设置、运动状态等各种复杂因素密切相关。

③ VR 技术与 3D 动画的区别

3D 动画与虚拟现实在表面上都具有动态的表现效果，但究其根本，二者仍然存在以下几个方面的本质区别：虚拟现实技术支持实时渲染，从而具备交互性，3D 动画是已经渲染好的作品，不支持实时渲染，不能在漫游路线中实时变换观察角度；在虚拟现实场景中，观察者可以实时感受到场景的变化，并可修改场景，从而更加有益于方案的创作和优化，而动画改动时需要重新生成，耗时、耗力，成本高。

2. 基于VR技术的虚拟现实场景特色

运动中感受园林空间、多种运动方式模拟、特定角度园林观察。特别是根据人的头部运动特征和人眼的成像特征，可进行步行、车行等逼真漫游方式，随意观察任意一个人眼能够观察到的角落，这是“主题漫游”辅助设计理论的基础。

沉浸于其中的“游人”，可以感受到园林空间的“起承转合”和园林“意境”氛围。可以和地理信息系统相结合，通过地理信息系统的地图，可以清晰地得知“游人”在园林中所处的具体位置。可以应用于网络，跨越时间和空间的鸿沟，进行虚拟漫游。

### （二）VR技术特性对园林规划与设计创作的影响

虚拟现实技术使得根据人的视高、人的头部运动特征、人眼的视野特征和运动中人眼的成像特点模拟真实的人在虚拟风景园林基址环境、半建成环境和建成环境中漫游成为可能，在这样的漫游过程中，沿着路径前行，得到近似于“亲临现场”的效果，在“现场”中，直接应用安全性原则、交往便利性原则、快捷和舒适性原则、层次性原则、生态性原则、美学原则等诸多园林设计理念进行推敲和漫游，效果比二维想象好许多。

在一次次“漫游”的过程中，更换自己的“替身”，或为“八十老妪”，或为“垂髫稚子”，应用他们的视高、视野和人眼视野成像情况，进行实时的修改、替换，可以做到更好地“以人为本”。

虚拟现实技术应用于风景园林规划与设计创作中，使地理信息系统和国际互联网相结合，可以用于风景园林的规划和实现风景园林规划与设计的公众参与。

此外，虚拟现实技术还可以用于风景园林规划与设计专业的教学、公共绿地的防灾和风景园林的综合信息集成。总之，虚拟现实技术将对辅助园林设计产生新的意义和影响。

## 三、VR技术在园林规划与设计中的应用

### （一）VR技术在园林规划设计阶段中的应用

VR技术能够从“真人”漫游的视角沉浸到基址和临时建设好的风景园林场景中，能够对自然要素如地形、光和风进行充分模拟以及和GIS完美结合，是虚拟现实技术辅助风

景园林规划与设计的优势，这些优势是单纯的“二维”创作规划与设计很难做到的。VR优势具体表现如下：①根据设计任务书、地形图和比较明确的限定条件，利用已有的电子地图与虚拟城市地块模拟系统，建立虚拟基地环境；②使用VRGIS对基地的自然条件进行模拟，分析基地范围内的道路、树木、河流等的情况，对基地坡度和地形走势进行多角度、多方位的观察研究，以便清楚知道基地可以作为不同用途的限制条件；③通过环境中的日照和风向的虚拟研究，为绿地空间营造分区提供依据。

环境与基地限定中理想的园林形态，在基地环境中漫游，进行多方案比较，是我们在方案构思初始阶段可采用的方法。具体实施步骤如下：①根据场地状况及现有景观和“真人”视角漫游的特点，辅助确定园林路径；②根据确定的园林道路和实际视觉的特点，进行“主题漫游”，把握空间性质，创造富有韵律的景观空间。

在有景的地段，通过借景和“真人”视角漫游中不同运动特点，可以辅助确定园路的路径。

### 1. 场地借景要素和辅助确定园林路径的注意事项

根据场地的景观现状，通过实际“真人”视角漫游，寻找做到良好的真正的“因借”效果的路径。园林道路景观的借景要素可分为地形、地貌、水体、气象和气候植被等几个方面。

（1）依地形、地貌的因借原则辅助确定园路路径

根据“真人”视角漫游推敲出具备三性的道路路径，这三性具体如下：延展性：山地道路景观有更多的视觉想象空间，富于延展性和流动性。眺望性：地形的高差使得道路景观有更多的眺望点，同时能够获得比平地更为开阔的视野。可视性：由于地形的变化，山地的道路景观可视率变大，视觉景观更佳。

（2）依水体的因循原则辅助确定园林路径

在寻找路径时，应用“真人”视角漫游，可以对园林路径准确把握，同时要注意考虑水面的反射效果，包括建筑、天空、植物、人流等，均会成为水面反射的内容。在细部道路推敲上，注意模拟人能触及的水景部分，比如高度、深度、平面比例等，能否予以人亲切感、舒适感；堤岸、桥、水榭、山石等环境要素的整体配合，能否达到预期的衬托效果，

这样可以更好的处理园路的边缘空间。

2. 根据人的动态特性确定园林道路的事项

作为主体的人会以各种方式（漫步、骑自行车、乘坐交通工具和亲自驾驶交通工具）不断的沿线形方向变换自己的视点，这决定了“真人”视角漫游的状况，从而决定了进一步确定园路的情况。

风景园林中的道路按活动主体分，主要有人车混杂型道路和步行道路两种类型。不同类型道路因使用方式与使用对象之间的差异，在景观设计上的侧重与手法的运用上各不相同。风景园林中，人车混杂型道路可分为交通性为主的道路与休闲性为主的道路。

（1）以交通性为主的道路

这种道路一般担负着风景园林各个功能区之间的人流物流的运输，其交通流量大，通常路幅较宽。其景观特性要满足安全性、可识别性、可观赏性、适合性、可管理性等。

交通性为主的人车混杂型道路，首先要考虑其安全性，将机动车与自行车隔离，由于考虑通行速度，多采用直线，在道路线型上不宜产生特色。其景观设计主要是通过对道路空间、尺度的把握，推敲景物高度与道路宽度比例，提升其形象。

景观形式的设计需要考虑车、人的双重尺度。对于车来说，强调景观外轮廓线阴影效果和色彩的可识别性；而对于自行车和步行来说，由于速度较慢，对景观的观察时间较长，人与景观的交流频繁发生，景观底层立面的质感、细部处理要精心设计。所以，在摄影机的模拟中要注意其高度和速度，按照“真人视角漫游”，合理推敲辅助确定路径。

（2）以休闲性为主的道路

这种道路车种复杂、车行速度慢，人流较多，景观设计强调其多样性与复杂性。其景观特性还应增加可读性（美的景观环境令人产生联想和固定人群的认同）与公平性（为游人提供各式各样的使用功能，包括无障碍设施等）。

园林游憩性道路以休闲生活为主，场所感较强。园林道路空间形式的设计，首先要满足活动内容的需要，并根据道路功能特点，如考虑道路空间的变化，具体有沿路附属空间的导入，弯曲、转折，采用对景、借景等来丰富空间景观。

步行道路主要为休闲性道路，步行道路的出现给园林带来了很多生机，其景观特性为安全性、方便性、舒适性、可识别性、可适应性、可观赏性、公平性、可读性、可管理性等。其景观设计在考虑上述几种情况之外，还应强调个性化、人性化、趣味、亲切性的特征，要充分注重自然环境、历史文化、人与环境各方面的要求。



#### 3. 虚拟真实漫游系统中最优路径漫游的实现

（1）视点动画交互技术

为了让访问者能在虚拟真实漫游系统中实现最优路径漫游，首先涉及视点动画交互技术，一般采用两种方法来实现。其一，是线性插值法，即利用 VRML 的插值器创建一条有导游漫游的游览路线，通过单击路标或按钮，使用户在预定义好的路径上漫游世界；另一种方法是视点实时跟踪法，即视点跟随用户的行为（如鼠标的位置）而产生动画效果。

（2）最优路径漫游的实现

实现最优路径分析时一般要考虑以下几个综合因素：

道路的实时状态：即某条路因外界原因不能通行时，应不考虑此条道路。

确定最优路径形式："距离"最优路径，即地理距离最优；"时间"最优路径，即耗时最少；"时间距离"最优路径，即时间距离综合最优。

根据已经确立的风景园林路径，应用"真人"视角漫游模式虚拟，结合高校校园绿地规划与设计"宏观"理念辅助总体方案设计。

按照已经确定风景园林路径，在现有景观的基础上，在"人眼视野"的范围内，创造出可以长时间被人观察到的景观，如建筑、水体等，对草案上的分区结果和景观位置，通过"实地漫游"进行论证和推敲。如果有必要，可以借助截图工具如"中华神捕"等进行截图，进行进一步的讨论和分析。

### （三）VR 技术在风景园林规划与设计公众参与中的应用

#### 1. 公众参与的应用范围

园林设计讲求"以人为本"的设计理念，所以设计一定要有公众的参与，设计才会更完善、合理、科学、客观。实践证明，再好的设计师如果仅凭自己的力量是很难设计出好的作品的，推行"公众参与性设计"的主要目的就是赋予同建设项目相关人员以更多的参与权和决策权，即让这些人参与到建设的全过程中来，并在其中起到一定作用。这样既能避免设计师陷入形式的自我陶醉之中，还能促进公众的参与意识和对城市景观的建设与维护，增加“公众”与“设计者”之间的沟通、合作，进而推动风景园林事业的蓬勃发展。面对我国公众参与风景园林规划与设计的现状，在风景园林规划与设计过程中，VR 技术可以逐步应用于公众参与中。根据我国风景园林规划与设计体系的特点，目前，VR 技术可以应用于以下确定发展目标阶段和设计方案优选阶段。

### 2. 广泛征求公众意向

在风景园林规划与设计工作程序中，有一个风景园林价值评估和风景园林发展目标确定的阶段。在这个阶段中，市民是最主要的参与者，市民的意向也是决策的主要依据。因此，风景园林规划与设计师们设计了多种公众参与的方法来促进这一阶段市民的民主参与。目前，公众参与技术的应用研究也主要在这个阶段开展。在我国，问卷调查、座谈会等参与形式大致属于这一阶段，但这些方法层次较低，效果也不明显。VR 技术的引入大大改善了这一状况。因为要让公众对风景园林的价值和发展目标提出有价值的意见，首先要让他们对风景园林的现状有足够的了解。而以 VRML 为核心的虚拟现实技术就是一种很好的工具，即让公众有兴趣也有机会接触到复杂巨量的风景园林空间信息，并通过对信息的分析，深入地理解风景园林各个方面的状况。公众才能据此提出自己有价值的意见，这种意见对于民主的决策是最有意义的。

在这一阶段，该技术的应用可以借鉴技术支持模式，根据这一模式，第三方（在我国主要为各设计院所）所担当的角色很重要。他们需要设计建立适当的风景园林 VRML 场景和相关数据库系统，并通过这一系统与公众广泛交流，从而得到有价值的公众意见。委托方（政府或企业）的任务是协助设计方收集基础数据、组织领导公众参与活动以及根据公众意向做出最后的决策。而公众一方则不必学习任何计算机专业知识，只需要在理解该系统所表达的涉及公众参与中的应用内容和与设计者充分交流基础上，提出自己的意见和建议，参与最后的决策。

### 3. 公示制度的实施

设计公示是我国公众参与的一个重要组成部分，在某些城市（如深圳）已经被确立为一项制度。这一点可看作风景园林规划与设计民主化进程的一大进展。向公众展示的主要是最终的设计成果，这种参与的层次是较低的。而在设计方案优选阶段应更多地采用设计公示制度，让公众辅助决策设计方案。选择更有效的交流方式与工具，将自己的设计方案展示给公众，成为风景园林规划与设计师努力的方向。传统的设计图纸和文字说明专业性仍然较强，而虚拟现实方法作为一种可视化方法能够促进设计的“非神秘化”。

4. 公众参与网页发布

网页通过服务器主机提供浏览服务，目前，服务器主机有“主机”和“虚拟主机”两种方式，通过 FTP 将“公众参与网页”上传到自己从虚拟主机服务商手中申请的“虚拟主机”上。

利用 VR 技术中的 VRML 语言将风景园林空间引入互联网，通过和谐的人机交互环境，使最大范围的公众在开放环境中进行交互性和沉浸性体验并评价方案。实现公众参与修改意见的提出，使之能够较为迅速地理解设计师的意图，并通过个体经验差异，对同一方案进行不同目的、不同重点的查看，最终将信息反馈给设计师，从而使其作品最大限度地满足公众的要求。在虚拟现实世界，广泛征询公众的反应，就可以改进设计，使之功能更加切合用户的需求。

## （四）VR 技术在公共绿地防灾中的应用

### 1. 公共绿地防灾的现状

（1）公共绿地和风景园林对防灾的要求

公共绿地在火灾、地震等灾害发生时，有重要的防灾避灾作用。规模较小靠近住宅的公共绿地成为紧急避难场所，居住区公园、区级公园成为救援、堆场或搭建临时住宅的场所，市级公园则被作为救援基地。植物的减灾作用主要有减轻建筑物倒塌及高空落物灾害和减轻火灾损失两方面的效果。众多经验教训表明，公共绿地的防灾避灾功能不容忽视，由此带来的对绿地的要求对我国公共绿地的选址、设计、建造有重要指导意义。

要做到防灾避灾，首先要根据方案的面积大小和地理位置，确定服务半径至少为 500m（步行 10min 以内），在确定具体人口数（包括 5 ~ 10 年内的发展趋势）之后，按照人均有效避难面积至少 $2m^2$，确定园内广场的位置和规模（防灾公共绿地的有效避难面积 = 避难人数 × 人均有效避难面积）。

防灾公共绿地应当具有避震疏散场所功能的出入口形态、周围形态、公共绿地道路、直升机机场（中心避震疏散场所）、防火树林带、供水与水源设施（抗震贮水槽、灾时用水井、蓄水池与河流、散水设备）、临时厕所、通信与能源设施、储备仓库和公共绿地管理机构等。这些对于校园绿地规划与设计并不太适合。

（2）虚拟现实技术用于防灾的现状

英国的 Colt Virtual Reality 公司开发了一个名称为 Vegas 的火灾疏散演示设计模拟仿真系统，该系统是基于 Dimension Internationa 的 Superscape 虚拟现实系统而开发的，该系统的三维动画可以演示发生火灾时人员的疏散情况，并可以方便地修改各种参数。应用该系统对地铁、港口等典型建筑物火灾时的人员疏散情况进行模拟仿真验证，取得了良好的效果。

该系统使用户具有沉浸感，让用户能够亲身体验火灾时的感受，根据用户的描述，研究火灾时人们的心理表现。另外，还可以进行消防人员救火抢险的模拟训练、疏散人群的模拟训练，而不必再采用真正点火的方法来进行类似实验。通过普通用户的参与，培养大众在火灾到来时，能够具有良好的防灾意识，迅速离开火场或采取报警、救人等措施。火灾虚拟现实系统与其他虚拟现实系统最大的区别是：其对火灾过程的模拟和再现，即对火灾发生、发展和蔓延过程进行实时分析与模拟，系统所实现的主要功能都与火灾过程有着密切联系。构建这样的系统，最大的难点在于要选择一个合适的火灾模型，该模型既要满足计算机实时计算的能力，又要有较好的实际显示效果。该系统作为消防指挥之用，能提供消防路线的查询与漫游，但不能模拟火灾发生的实际场景。

#### 2. 公共绿地防灾的展望

能够将消防指挥与基于 GIS 的指挥平台和模拟火灾时发生的实际场景相结合，将对公共绿地防灾功能提高大有益处，这不仅是现在要钻研的技术方向，也是人们对公共绿地防灾的愿望。

### （五）VR 技术在园林规划与设计教学中的应用

#### 1. 在园林设计课程教学中的应用

根据人的头部运动特征和人眼的成像特征，模拟进入风景园林基址，“带领”学生进行“现场分析”，再应用园林设计的理念进行设计，同时增强对平面图的认识。总之园林设计教学应向立体化、数字化、精确化方向改进。

2. 在园林建筑课程教学中的应用

和园林设计相同，进入设计场所，根据任务书完成各个功能空间的设计，同时切实感受空间的内容。从建筑空间类型讲，静态空间与动态空间是指空间的形状有无流动的倾向，用视觉心理学解释就是空间力的图。园林中呈水平空间的平台、开阔的草坪、水面都属静态空间特征。长廊、夹道、爬山廊、曲径都具动态空间的特征。可以通过虚拟现实场景对不同的空间进行对比，理解空间给人的感受。

同时可以根据虚拟现实技术的触发功能，观看建设园林建筑的全过程，另外，可以进行物理学建模，通过钢筋混凝土受力形变仿真，使学生对钢筋混凝土结构有更深的了解。

3. 在园林工程课程教学中的应用

（1）竖向设计

利用虚拟现实场景进行地形的分析与设计的教学，更具有直观性，如方案中地形的变化可通过模型对比直观地表现地形的变化。还可通过相应软件的辅助使用如 GIS，演示在地形挖方或填方前后的变化，如挖方或填方的位置、计算出挖填方体积的平衡情况，用于平方平衡设计和土方平衡教学。

（2）喷泉设计

运用三维喷泉模型可以模拟喷泉的不同水姿的组合及其效果，同时配合灯光可以得到夜景效果，从而更有效地表达设计意图。同时，对三维的管线布局的漫游，也更直观明了地展示典型喷泉管线基本构成，方便教学讲解。

4. 在园林史课程教学中的应用

对历史上存在而现实中消失的园林，如独乐园、影园等进行虚拟现实模拟和漫游，使学生对古典园林有更直观、更深刻的认识。

5. 在景观生态学课程教学中的应用

虚拟现实技术可以直观、方便、准确地模拟生态环境的发展趋势，可以模拟若干年后植物群落的生长状况，从而使学生对景观生态学的理论有更深层次的理解。

6. 在 3S 课程教学中的应用

3S 技术是对地理信息系统（GIS）、遥感技术（RS）和全球定位系统（GPS）三种技术的总称，是园林从业者学习的重要内容之一。如利用 GIS 的数字地形模型（DigitalTerrainModel）可以进行地表的三维模拟与显示，并能进行不同视点（或景点）的可视性分析，为景点的选址和最佳游览线的选择提供视觉分析依据。例如，在结合水库设计的风景区规划中，因水坝的拦截造成对上游山地、村庄、农田、森林的淹没情况，可以很方便地用 GIS 技术结合 CAD 技术进行景观预测与评价，并可以进行水位升降的动态模拟及水库面积和贮水量的计算，为下一步的居民搬迁、景点选址、道路选址、水面活动的组织等提供科学、直观的依据。可见，从数据中得到的虚拟现实场景对于景观设计是有重要意义的。

## 第三节　计算机辅助园林规划与设计

### 一、计算机辅助设计的概述

#### （一）计算机辅助设计的发展

传统常规的设计方法是经过历史的沉淀不断积累、完善而成为一个经典的系统。进入设计领域必然从基础的设计方法论、专业设计理论以及艺术修养等方面逐步开始设计创作。这是一个被认可的正确学习设计方法的过程，这个过程虽然也会涉及计算机辅助设计课程，但是往往没有与基本的设计过程一样，成为设计中重要的一环，忽视了其在改变设计过程方法上的潜力。

计算机辅助设计被忽视的一个重要原因是将辅助设计与辅助制图相混淆，辅助制图仅是辅助设计中的一个方面；另外一个被忽视的原因是受到计算机硬件与软件发展的影响。在 21 世纪初两者才得以迅猛发展，尤其编程语言的完善与成熟。计算机辅助设计一直被强调为辅助的一个过程，然而时至今日编程不仅是给机器写代码，更是为各类问题寻找解决方案，更深层次地影响着设计的领域。

由于计算机辅助设计发展逐步地完善，辅助设计的领域也逐渐扩大，从制图到分析、方案形式的衍化，更多智能化的处理方法在逐步形成。基于目前计算机辅助设计发展的情况，欲对目前的计算机辅助设计的方法加以梳理，并适宜地提出一种创造性的思维方法，须基于编程的逻辑构建过程——一种基于编程语言构建设计逻辑发展新设计方法的过程。基于编程的逻辑构建过程设计研究是基于节点可视化编程语言 Grasshopper 以及纯粹编程语言 Python，并将研究过程置于更广泛的计算机辅助设计领域。

### （二）编程与参数化

设计领域逐渐熟知和正在被广泛应用的参数化，给设计过程带来了无限的创造力并提升了设计的效率。但是编程才是参数化的根本，最为常用的参数化平台 Grasshopper 节点可视化编程以及纯粹语言编程 Python、VB 都是建立参数化模型的基础。对于 Digital Project（来自 Catia）等尺寸驱动，使用传统对话框的操作模式的参数化平台，因为对话框式的操作模式，淹没了设计本应该具有的创造性，如果已经具有了设计模型，在向施工设计方向转化时可以考虑使用 Digital Project 更加精准合理地构建。对于开始设计概念、方案设计甚至细部设计都应考虑使用编程的方法，Grasshopper 与 Python 组合程度让设计的过程更加自由。

参数化也仅仅是编程的一部分应用，是建立参数控制互相联动的有机体。虽然 Grasshopper 最初以参数化的方式渗入设计的领域，但是本质是程序语言，而编程可以带来更多对设计处理的方法。在平台开始逐渐成熟，其所带来的改变已经深入更加广泛的领域，因此，仅仅用参数化来表述 Grasshopper 的应用已不合时宜。例如 Python 语言可以实现参数化构建，但是 Python 语言被应用于 Web 程序、GUI 开发、操作系统等众多的领域，这个过程重要的是编程，以编程的思维方式来创造设计的过程，创造未知领域的形态。因此，每个人都应该学会编程，因为编程教会你如何去思考。

基于编程在各个领域中被广泛应用，设计领域里普遍认为只有软件工程师才会使用编程来开发供设计师使用的软件有待商榷。设计者似乎被“软件”所束缚，往往期盼某款设计软件会增加某些有用的功能从而方便设计，所以在不断追随着软件的更新，学习开发者所提供的有用而又有限的功能。

大部分软件都会全部或者部分开源，提供再开发者创造出意想不到的设计，同时也会给再开发者与程序编写的说明，支持学习编程接口的方法。例如 Linux 系统有自己异常活跃的社区，数之不尽的想法汇集于此，又如苹果的网上应用超出百万，解决各类问题，从金融、健康、商务、教育、饮食，到旅游、社交网络、体育、天气、生活等，无所不包。而对于设计领域而言，“设计仅仅关注形式功能”的思想束缚拒绝了这个信息化时代本应该给设计领域带来的实惠。编程能够改变的不仅是被误解的软件开发，它所改变的是设计思考的方式，是设计过程的改变和创造。一旦尝试开始转变思维方式，编程所具有的魔力会不断地散发出来。

数据是程序编写核心需要处理的问题，如果需要更加智能化的辅助设计，需要熟知数据的组织方式和管理方法。Grasshopper 和 Python 都具有强大的数据管理方法，例如 Grasshopper 的树形数据和各类数据处理的组件，Python 的字典、元组和列表。

没有任何可以投机取巧的方法帮助研究者进入这个领域。编程的领域需要编程的知识，以编程的思维方法让设计更具有创造力。参数化也仅仅是编程领域中的一簇，各类设计的问题从结构到生态，从材料到形式都可以试图以编程的思维去重新思考这个过程。

在科技发展日新月异的世纪，编程是设计领域发展的方向。编程与设计，在过去不曾想过两者竟然能够被联系在一起，至今开始探索两者的关系。

### （三）计算机辅助设计与风景园林规划专业

风景园林规划设计专业计算机辅助设计课程的设置，通常借鉴了建筑学科相关的设置。计算机辅助设计为设计行业带来的巨大推动作用是不可否认的，但是对这些推动的描述往往是“提高了绘图效率和精度”，“从 AutoCAD 的二维制图向业界已经普遍使用的 SketchUP 三维平台转换，跨进三维推敲方案的时期”等，然而这些只是计算机辅助设计技术领域的一部分内容，还包括地理信息系统（Geographic Information System，简称 GIS）、建筑信息模型（Building Information Modeling，简称 BIM）、计算机辅助生态设计 ECO-aided Design、参数化设计技术 Parametric Design 等领域。

风景园林与建筑、城市规划乃至环境科学、计算机、生态学、经济、法律、艺术等学科长期相互交流使得风景园林规划设计涉及的范围小到花园，大至城市广场、公园、城市开放空间系统、土地利用与开发、自然资源的保护等一系列重要项目设计与研究中，这对风景园林规划设计在寻求计算机辅助设计上提出了不同的要求。但是仅仅从尺度上划分计算机辅助设计的分类不是很恰当，例如在大区域尺度上可以借助 GIS 来完成诸多的分析工作及制图，但是 GIS 也可以应用于邻里尺度的分析上，而风、光环境的分析也不仅局限于邻里尺度，可以扩展到区域尺度，因此，对于涉猎如此广泛的风景园林专业，能够协助其规划设计的计算机辅助设计领域可以从 GIS、生态辅助设计技术、模型构建三个方面进行阐述，基本可以涵盖大部分能够协助风景园林规划设计的计算机设计领域。其中 GIS 可以拓展传统 AutoCAD 等制图工具不包括地理信息数据和相关分析的局限性，能够有效地协助制图、信息的录入与分析；生态辅助设计技术则是综合了多种生态分析平台，从气象数据分析，热、光、风、声环境等角度阐述多尺度的生态环境分析和适宜规划设计的方法；模型构建是从具体的三维实体模型出发，结合 BIM 和参数化设计的方法，拓展三维模型构建的信息存储能力和形态变化能力，同时可以协同结构设计、动力学设计等内容，并可以为 GIS、生态辅助设计提供基本的实体模型，互相穿插融合，共同从计算机技术平台角度促进风景园林专业与相关领域的融合和发展。以计算机辅助作为学科之间联系的纽带，使一些专业学科知识例如流体力学、热湿环境、地理信息系统更有效地为风景园林规划设计服务。

目前计算机辅助设计软件平台本身的发展已经日渐成熟，但是每个软件平台所针对的问题领域各有不同，例如基于 ArcGIS 的地理信息系统可以应用于既是管理和分析空间数据的应用工程技术，又是跨越地球科学、信息科学和空间科学的应用基础学科的计算机平台；用于风分析的流体软件 Phoenics 可以广泛应用于航空航天、化工、船舶水利、冶金、环境等领域；而 Rhinoceros 最初是辅助工业设计软件。实际上针对风景园林规划专业本身的计算机软件平台目前是不存在的，是否开发这样一个综合性的平台也有待商榷。对于风景园林规划设计而言，实际上最直接的解决策略就是如何综合运用目前已经发展成熟、针对不同领域的计算机软件平台来辅助风景园林规划设计才是根本问题。

## 二、计算机辅助设计策略

### （一）模型构建与风景园林规划设计

基于 AutoCAD 的平面制图、SketchUP 的三维推敲，3D MAX 及建筑可视化软件

Lumion 的后期表现构成了被误读的风景园林“计算机辅助设计体系”，更应该称之为计算机辅助制图。而目前国内大部分高校本科阶段所开设的课程就是这些内容，混淆了计算机辅助设计与辅助制图的概念关系，计算机辅助制图仅是计算机辅助设计的部分内容。实际上由于计算机技术的发展,模型构建的方式早已发生了根本性的改变,弗兰克 · 盖里( Frank Owen Gehry )、扎哈 · 哈迪德（Zaha Hadid）等建筑师，以及 SOM、ARUP 等设计公司，已经利用数字技术完成了大量建筑和城市设计作品，用于完成这些作品的软件平台包括建筑信息模型 BIM 的 Revit，尺寸参数驱动的 Digital Project 和 Rhinoceros+Grasshopper+Python 的参数化设计平台。

设计软件的革命性正在影响着规划设计的方式，也在改变着设计师对计算机辅助设计的认识，软件程序在将更多的主权转移到设计师的手中，或者说 SketchUP 只关心纯粹模型构建的技术，尽量少的操作方式使设计师能够尽快掌握软件的操作，而不得不在方案设计模型推敲构建时耗费更多的精力和时间。Rhinoceros+Grasshopper+Python 的参数化设计平台使用节点式的操作方式结合 Python 的程序脚本语言使设计师有能力改善软件的环境，可以以可视化的编程方式和脚本语言方式发展设计构建模型，触及更多的设计形态和模拟分析的领域，这是两种不同的计算机辅助设计的思路。

目前，在浮躁喧嚣的设计环境下，SketchUP 自然成为设计师的首选，另外过度强调参数化的运算生成设计、分形学、多代理模型理论、自组织网络系统的概念方法，将本来务实的参数化设计上升为近乎故弄玄虚、高不可攀的境地，那些刻意为之、故意雕琢、概念牵强、为了凑参数化方法的建筑堆砌，让这本来朴实的计算机辅助设计工具演变得相当浮躁和浮夸，给初识参数化设计的设计师造成误读。使用参数协助设计，构建模型的核心是理解数据信息化，模型构建的实质就是对数据的处理，这一个方面与 GIS 是相通的。例如将地理信息系统中分析获得的地形坡度数据调入 Rhinoceros+Grasshopper 的平台下，以便根据坡度信息更加方便地进一步规划和设计。

模型构建的参数化方法与传统的设计模式是不可割裂的，但是相比之下又有差异，其在设计的本质上就发生了改变，因此进入参数化设计领域需要面对两方面的问题：一是使用参数化方法从事设计工作必须首先掌握参数化基本技术层面的操作；二是设计本身思维方式的转变，由传统直观的模型推敲方式转变为使用参数化从数据管理角度协助设计的方法。模型构建方式的转变已经不是纯粹几何形体构建方式的改变，这个过程影响到了设计思维的方法，因此，在某种程度上，参数化设计事实上已经不是一门技术的问题，更应该看作是一门学科。

### （二）生态辅助设计技术与风景园林规划设计

可持续发展已经成为国际社会的共识。环境生态问题也是风景园林规划设计一直强调的问题。生态设计就是将环境因素纳入设计之中，从而帮助确定设计的决策方向，在设计的各个阶段，减少“产品”生命周期对环境的影响。在生态可持续发展的理念下，当今世界范围内的设计类院校，有很多已经开设了生态可持续发展的专业，例如英国诺丁汉大学建筑与环境学院下设有建筑学、建筑与环境工程、可持续建筑设计等专业，而清华大学建筑学院的建筑环境与设备工程专业课程包括建筑环境学、热学、流体力学、建筑学、机械学、计算机、电学、信息学、生理与心理学等，拥有清华大学建筑节能研究中心、教育部建筑节能工程中心，在国家建筑节能政策制定、建筑节能技术发展、重大工程建设等方面发挥着重要作用。

较之学科的建设，相应的生态辅助设计软件平台也在不断建设中，并构成了较为完善的体系。例如基于 Weather Tool 工具的气象数据分析，基于 Energy Plus 的热湿环境及空调系统分析，基于计算机流体力学（Computer Fluid Dynamics，简称 CFD）相关的软件平台 Fluent、Phoenic、FLOW-3D 等对风、水环境的分析，基于 Radiance 的光环境分析，基于 LMS Raynoise 的噪声分析，并不断地整合以 Autodesk Ecotect Analysis 软件及英国 IES 公司开发的集成化建筑模拟软件 IES，形成了从概念设计到详细设计环节的可持续设计及分析的流程和绿色建筑评估等体系，用于指导设计及评判是否符合中华人民共和国国家标准《绿色建筑评价标准》或者绿色建筑认证。

目前，计算机生态辅助设计技术已经可以囊括影响设计的几个主要方面因素：热环境、风环境、水环境以及日照和光环境。这个构架形成了对于场地前期分析、过程分析和设计后比较分析的主要生态分析内容，以用于指导设计，使其向更合理的方向发展。同时，较之传统设计，因为设计师本身就可以完成以前必须依靠专业人员才能够进行的各项生态分析内容，从而能够更直接、更有效地协同设计。在计算机生态辅助设计技术日渐成熟的条件下，可以将热、风、水及日照和光环境的分析整合起来，形成跟进设计过程的生态环境分析技术报告，有效地根据设计环境的气候特点、现状条件特征达到可持续性设计的目的。

## 三、计算机辅助设计途径

### （一）概念设计与虚拟构建的技术支撑方式

#### 1. 逻辑构建过程

技术很重要，但是永远无法替代“想法”，只是在于技术的应用影响了思考的方式，在纯粹的形象思维基础上融合了逻辑构建的部分，这与英国结构师塞西尔 · 巴尔蒙德（Cecil Balmond）在《异规》（*Informal*）一书中阐述的思想相一致。例如景观的基本元素一个长条桌凳的设计，首先必然是基于功能使用上的考虑，一个合乎尺度纯粹的长方体可以看作桌凳，一个观景台阶、布景置石或者足够结实的栏杆都可以复合有桌凳的使用功能，只要能够提供让使用者依靠或者坐下来休息的功能。又或者从人体工程学上考虑，哪种形式使用起来更加舒适。这种具有逻辑关系的数理思维不仅是很“数学”的设计形式，毕竟世间万物甚至不曾出现的形态都可以在计算机中用数学方式来模拟，因此在一定程度上，尤其以 Python 等编程语言实现模拟自然的置石布局设计是合乎于数理逻辑关系的。

设计的过程与技术构建的过程并不是分开的。现在往往有这样一种错误的认知，头脑中的概念想法才是设计，事实上真正设计的开始是设计整个推导的过程，直至施工建造，想法只是设计的源头。大部分设计师在开始设计的时候是一种直接的关照，可谓“观物取象”，犹如学画。“学画花者以一株花置深坑中，临其上而瞰之，则花之四面得矣。学画竹者，取一只竹，因月夜照其影于素壁之上，则竹之真形出矣。学画山水者何以异此？盖身即山川而取之，则山水之意度见矣。”其“山水之意度”就是以自然山水作为直接的观察对象。这种绘画创作的方法与设计的方法如出一辙，尤其在设计满足了功能、生态等要求前提下，设计的艺术性成为区分设计水平高低的关键。

上述设计方法的描述是从广义概念的角度入手，可以扩展为具有指导意义的设计方法论，这与基于编程的逻辑构建的过程并不矛盾，是设计方法的具体深入与过程的体现。

一般逻辑构建更多强调的是几何构建逻辑，即形式间的推衍关系，但是并不仅如此，任何基于分析设计过程的思考逻辑只要能通过语言编程方式表达的都可以归为逻辑构建过程。逻辑构建本身就是设计创作活动，在没有计算机之前，只是使用纸笔来完成整个过程，现在计算机为我们打开了大门，它赋予我们前所未有的自由去探索，其结果是令人迷惑并改变思维，且万物皆可。计算机将这个过程变得更加强大，可以拓展到更多的形式领域的逻辑过程构建，并实时地反馈逻辑构建过程每一步所产生的形式结果。并且在计算机强大计算能力的帮助下，将更多的数学知识与逻辑纳入了设计创作的过程中，例如由于随机数算法的实现，可以由此来设计更多变化不定的形式，由于布尔值的存在，可以判断某一项分析的结果，并排除不符合要求的项。这个逻辑构建不仅是设计形式本身，更扩大到了分析几何领域，例如协助分析符合光照系数区域的部分，并提出设计开窗调整方案以及计算最短路径等。

设计的逻辑构建过程往往与参数化下虚拟模型的构建过程相一致。在讨论设计的逻辑构建过程，尤其几何构建逻辑时会遭到质疑，使用手工模型或者传统的计算机模型建构技术同样可以做到。不过这个质疑仅仅是从建造的结果来证实，即既然可以获得一样的结果，就可以忽略过程。实际上设计过程的变化才是逻辑构建过程的根本，不可否认的是，参数化或者智能化的方法有意识地强调了这样一个逻辑构建的过程，并呈现出严格的几何逻辑构建关系，同时达到同一个形式目的的逻辑构建过程并不唯一。逻辑构建过程实际上是被有意识强调了的一种设计方法，绘画肖像时可以从整体轮廓出发，或者可以从局部五官出发，但是逻辑构建过程更强调的是整体结构的把握，再到细部变化的有机过程，而设计想法的跳跃性不会与这个过程相冲突，这个逻辑构建过程也是在不断跳跃中完善起来，本身就是对设计灵感的触发。设计调整最后的结果之前反反复复不断调整的过程是不能被忽视的。

由程序语言实现的逻辑构建过程本身就是一种设计方法，也许很多设计师，尤其一直以传统方式从事设计的并不认同这种观点。也许大部分人并没有意识到传统计算机辅助制图的局限性，并将这种局限性认为是一种一直被忽略的存在。有限、僵硬的制图方式必然不能对设计本身产生影响，仅仅沦为制图的工具。伴随计算机发展起来的是编程语言，事实上每一个人都应该学会编程，编程是最具创造力的智力活动，从 Windows、Apple 到 Linux 的操作系统，从 AutoDesk、3DMax 到 Grasshopper 的三维建模工具的背后都是代码，即编程语言，使用编程语言来从事设计活动就是一种设计的创造性，因为这个过程不再是纯粹对几个命令的操作，而是将设计以程序语言的方式构建逻辑过程，也许试图使用各类函数获得某种规律的变化形式，或者使用进化计算的方法拟合出合理的结构形式，又或者控制弹性系数确定某种动力学的运动形态。逻辑构建过程是由程序语言或者节点式程序语言编写的，逻辑构建过程是为设计服务并受其影响，由程序语言实现的逻辑构建过程本身就是一种设计方法，三者之间互相影响。

**2. 逻辑构建过程的根本——数据**

编写的过程就是逻辑构建的过程，逻辑构建的根本是数据处理，如果说程序语言实现的逻辑构建过程本身就是一种设计方法，那么对于数据的关注就是实现这种设计方法的核心。数据的概念是在逻辑构建的过程中体现出来的，所实现的设计结果体现了这种逻辑构建关系和所包含的数据处理过程。不能够仅将这个设计结果视为单纯的形式表达，以及某种功能与生态的体现，透过表面所看到的应该是实现这种结果已经蕴含的逻辑关系和数据处理，这仍然是将设计作为过程的设计方法的体现。所有节点随机选择九个点中一个的节点式程序方法能够清晰看到前后数据的变化，这个过程可以使用节点可视化编程语言，也可以使用纯粹编程语言，例如 Python。不管是使用节点式的编程处理方式，还是纯粹的语言编程，这个过程都已包括两方面主要的表达：一个是数据处理操作，另一个是语言逻辑与设计逻辑的辩证关系，但是它们的最终目的仍然是形式，只是在对形式（包括设计几何形式和分析几何形式）的关注上，已经不再是纯粹形式本身，而是以一种数据操作的方法，逻辑关系构建的模式去推导形式关系。这个对形式根本控制的方法就已经拓展了设计无限的可能性，或者说数据才是逻辑构建的根本。

数据处理是智能化与一般传统虚拟模型构建区别的本质。计算机辅助设计，尤其三维模型构建方面，一般的策略是头脑中的概念使用计算机辅助以直接的关照方式实现。这种直接的辅助推敲的方法能够最快地将设计的概念以及不断调整的过程以虚拟的方式直观地表达出来。这种辅助设计的方法对设计的推动起到了积极的作用，尤其在控制三维空间各个视点上形式的可行性与艺术性上，这也是逻辑构建过程的基础，然而，形式推敲的过程并不能够等于逻辑构建过程，两者之间本质的区别就是：是否关注了形式下的数据处理与逻辑关系的构建。一般形式推敲的直接观照即使潜意识地具有了某种几何构建的逻辑关系，但是这个过程是未被强调的，更不具有数据的逻辑关系，不具有动态的数据管理方式，或者可以比喻为不具有“大数据”时代的特点，设备间或不同平台间不能够共享数据，例如拥有个人记账功能的平台应该可以与网银个人信息实现数据的共享，台式机中Opera浏览器的书签和历史记录应该与移动设备中的Opera实现数据的同步，那么设计逻辑过程的构建中对数据的处理就是实现了数据的可操作性，并扩大数据的使用范围，非静态的“大数据”的处理模式，将设计的过程多样化。

对数据的操控实现了设计过程对技术本身的操控。设计师是处理设计，风景园林师就是做园林设计，提供给设计师使用计算机辅助设计平台的开发是程序员工程师的事，因此，两者之间除了提供与使用的关系外，就剩下想当然的鸿沟。甚至在设计企业招聘时出现了招聘参数化设计师的职位，工作的性质不再是设计而是为设计服务的程序编写，将传统方式设计与智能化设计方式完全割裂地看待，并将逻辑构建过程视为“设计”的附属是对设计技术最大的误读。科技改变设计并能够实现设计方法的进步是要求设计师本身具备程序编写的能力。因此，逻辑构建过程就是设计方法本身是不能够完全由工程师来替代，这就要求设计知识体系架构的调整，即设计师除了能够解决一般设计问题外，需要能够根据设计的目的编写实现设计目的的程序。本例长条桌凳的设计整个过程的程序编写需要由设计师本人来完成。毕竟设计不仅是形式的问题，过程中工程实现的问题，以及各类必要的分析和数据的提供，每个问题都会因为设计内容的差异而千变万化，解决这些问题最好的方式不是等待工程师开发相关的程序，而是设计师本人就能够完成这个过程，所需要增加的技能就是编写程序、改变设计的态度。

### （二）从虚拟构建到实际建造

#### 1. 逻辑构建的可控因素

参数化就是可以自由调控形式的有机整体，影响形式的因素则由逻辑构建过程来控制。这个调控的过程仅是对参数的调整，并实时地反馈所有形态的变化，例如长度的变化、分割数量的变化所带来相应形式的变化，以利于形式的推敲，这个变化是比“直接的观照”更加智能化的一种方式，因为逻辑构建有机一体化的方式，让在同一逻辑控制下的形势变化更加直接，当然也可以将这个变化视为推敲过程更加便捷的方式，也可以视为某一种逻辑形式的程序开发，但是更重要的是这个过程就是设计方法本身，不应该脱离来看待，因为参数控制的方法直接影响着形式的变化。同时不能够简单地将参数的调控等同于模型的推拉，在最初一般的设计中并没有分离开各个单元之间的空隙，在设计调控的过程中将代表各个单元块的数据分离并移动，增加单元间 3 ~ 5cm 的缝隙。这是一种便捷的形式调控的方法，并能够提供参数来控制这个逻辑构建关系，从而获得更大的自由度，例如更加便捷的推敲缝隙在不同尺度下形式变化的关系，这是使用直接的构建方式不能够轻易达到的结果。

同一构建逻辑下形式的变化，并拓展形式的多样性。不同结果都是在同一逻辑构建下产生的不同结果，也可以对逻辑结构适当调整获得逻辑构建方法类似而功能使用不同的形式结果。逻辑构建的方法可以延伸设计师未曾涉及形式的存在，其根本就是对设计过程的逻辑构建以此扩展无数可能的形式。这是数理逻辑的具体表现，完全不同于一般计算机辅助模型的建立。长条桌凳的桌部分与凳部分是使用了同一个逻辑构建关系，只是尺度上和随机数组的种子值进行了调整。这种同一构建逻辑形式的变化也更加适合传统古建筑的构建，在各类尺度以斗口尺寸为参考，各构件间谨密的建构关系，都突出显示了以参数构建的可行性。设计的过程在某种条件下就是逻辑构建的过程，寻求某种形式的潜在构建规律，并反馈回来推动最初形式的演变，获得更进一步的形式推敲，并再次调整逻辑构建关系不断往复的过程。在某些时候对这个逻辑构建关系所产生的形式并不满意时，就需要重新构思，可能不得不抛弃之前的逻辑构建，毕竟追求设计的完美才是设计的本质。

2. 数据控制下的建造技术

三维数控技术是实现复杂形体建造的最佳途径，基于智能化的设计策略方法，虽然完全可以更加方便地构建传统的设计形式，但是设计新形式的探索欲望更是无意识地将设计做得很“复杂”，这种“复杂”是相对于传统施工工艺来说的。智能化的设计方式与施工工艺的智能机械化必然是未来发展的趋势，两者之间的配合也会更加默契。但是在设计智能化超越施工工艺时，这种设计就会变得很“复杂”，尤其在目前的二线城市，如果实现某一个特别的创意，需要找到不一样的处理方法。最初构思的材料选择为合成木材，但是整体加工的方式加大了成片的费用，选择模具浇注混凝土的方式也许是不错的选择。这就需要对每一个单元建造模具，目前最容易的加工方式是二维的，即裁切平面化的金属或者木材搭建模具。把每一个单元异型体展平在二维的平面上，一般处理的方法是拆解每一个平面手工移动摊平，这样一个纯粹人工处理的过程，既花费时间，又乏味，如果处理更加复杂的形体，甚至难以实现。

最初使用程序编写的结果，虽然将所有的平面更加方便地展平，并增加了自动标注索引和尺寸的功能，但是单元的各个平面并没有互相契合。如果能够获得类似折纸、包装盒一样展平的结果，必然会为加工带来更大的方便。对于这个程序的节点式的编写方式在目前还是不容易实现，因此借助 Python 纯粹语言的方式编写。

这个过程是一个半自动化的过程，需要指定展平的顺序，程序的关键是定义了一个核心的函数 Flatten，并使用循环语句分别作为待展平平面在二维平面上对位上一个平面。从设计到具体的建造模拟，自始至终都是以逻辑构建的过程作为设计的方法，并以数据处理为根本得以实现。

### 3. 建造技术的优化

逻辑构建过程的根本是数据，因此看起来任何设计过程中遇到的问题都可以在对数据基本处理的模式下得以很好的解决。获得一个计算程序在数据处理、逻辑构建的设计方法上，会轻而易举得以解决。首先找到外接平面的矩形，对展平的单元平面旋转会获得外接矩形不同的变化，计算外接矩形的面积，使用进化计算的方法找到面积为最小时的外接矩形，从而将问题化解。

在各类项目实际的建造过程中，必然会遇到这样那样的问题，例如标注索引，计算单元体的体积等，一般都能以数据处理的方法得以很好的解决。这种实现的方法仍然是不能够简单等同于传统静态的计算方法，虽然能够达到一个同样的结果，但是设计方法的选择，设计过程中逻辑构建过程的实现，从根本上改变了传统做设计的观念，因此基于编程的智能化逻辑构建过程作为设计技术的解决途径，已经不仅是技术本身的革命，实际上是提出了一种新的、让设计者更具有创造性的设计方法，这种设计方法能够给予设计者更大的发挥空间和解决问题的能力。

# 第五章　风景园林建筑的外部环境设计

## 第一节　风景园林建筑场地设计的内容与特点

### 一、场地设计的主要内容

#### （一）场地的概念

从所指对象来看，场地有狭义和广义之分。

狭义概念：狭义的场地是相对“建筑物”存在的，经常被明确为“室外场地”，以示其对象是建筑物之外的广场、停车场、室外活动场、室外展览场等。

广义概念：一般情况下，人们通常指的“场地”就是广义的场地。场地是基地中所包含的全部内容，包括建筑物和建筑物之外的环境整体，应该具有综合性、渗透性以及功能的复杂性，包括满足场地功能展开所需要的一切设施，具体来说应包括以下两点：①场地的自然环境——水、土地、气候、植物、环境等；②场地的人工环境——亦即建成空间环境，包括周围的街道、人行通道需要保留的周围建筑、需要拆除的建筑、地下建筑、能源供给、市政设施导向和容量、建筑规划和管理、红线退让等场地的社会环境、历史环境、文化环境以及社区环境等。

#### （二）场地的构成要素

##### 1. 建筑物

在一般的场地中建筑物必不可少，属于核心要素，甚至可以说场地是为建筑物存在的。所以，建筑物在场地中一般都处于控制和支配的地位，其他要素则处于被控制、被支配的地位。其他要素常常是围绕建筑物进行设计的，建筑物在场地中的位置和形态一旦确定，场地的基本形态一般也就随之确定了。

### 2. 交通系统

交通系统在场地中起着连接体和纽带的作用。这一连接作用很关键，如果没有交通系统，场地中的各个部分之间的相互关系是不确定和模糊的。简而言之，交通系统是场地内人、车流动的轨迹。

### 3. 室外活动设施

人们对建设项目的要求除室内空间之外，还有室外活动，如在一些场地中需要运动场、游乐场，这样就要求设置相关的活动设施。

### 4. 绿化景园设施

在城市中，场地内作为主角的建筑物大多会以人工的几何形态出现，构造材料也是以人造的、非自然的为主，交通系统也大体如此。它们体现的是人造的和人工的痕迹，给人的感觉是硬性的、静态的。而绿化景园能减弱由于这种太多的人工建造物所形成的过于紧张的环境压力，在这种围蔽感很强的建筑环境中起到一定的舒缓作用。另外，绿化景园对场地的小气候环境也能起到积极的调节作用，如冬季防风、夏季遮阴，调节空气的温湿度，水池、喷泉等水景在炎夏能增强清凉湿润感。

### 5. 工程系统

工程系统主要包括两方面：①各种工程与设备管线，如给水、排水、燃气、热力管线、电缆等（一般为暗置）；②场地地面的工程设施，如挡土墙、地面排水。工程系统虽然不引人注意，但是支撑建筑物以及整个场地能正常运作的工程基础。

## （三）场地设计的内容

上面已经讨论过，场地的组成一般包括建筑物、交通设施、室外活动设施、绿化景园设施以及工程设施等。为满足建设项目的要求，达到建设目的，从设计内容上看，风景园林建筑场地设计是整个风景园林建筑设计中除建筑单体的详细设计外所有的设计活动。

风景园林建筑场地设计一般包括建筑物、交通设施、绿化景观设施、场地竖向、工程设施等的总体安排以及交通设施（道路、广场、停车场等）、绿化景园设施（绿化、景观小品等）、场地竖向与工程设施（工程管线）的详细设计，这些都是场地设计的直接工作内容，它们与场地设计的最终目的又是统一的。因为每一项组成要素总体形态的安排必然会涉及与其他要素之间总体关系的组织，而对风景园林建筑之外的各要素的具体处理又必然会体现出它们之间以及它们与风景园林建筑之间组织关系的具体形式。所以，这与人们认为的“场地设计即为组织各构成要素关系的设计活动”是相一致的。

## 二、场地设计的特点

在对场地设计的内容和实质进行了讨论之后发现，风景园林建筑场地设计兼具技术与艺术的两重性。而风景园林建筑场地设计与建筑设计极其相似，所以既具有技术性的一面，又具有艺术性的一面。

在风景园林建筑场地设计中，用地的分析和选择，场地的基本利用模式的确定，场地各要素与场地的结合，位置的确定和形态的处理等工作都与场地的条件有直接关系。需要根据场地的具体地形、地貌、地质、气候等方面的条件展开设计工作，在设计中技术经济的分析占有很大的比重。比如，建筑物位置的选择就要依据场地中的具体地质情况决定，包括土壤的承载力、地下水位的状况等，这里工程技术的因素将起到决定性的作用。而场地的工程设计包括场地的基本整平方式的确定、竖向设计等，也要依据场地的具体地形地貌条件决定，既有技术性的要求，又有经济性的要求。在道路、停车场、工程管线等的详细设计中，技术经济成分所占比重同样很大，如道路的宽度、转弯半径、纵横断面的形式、路面坡度的设定等都有着较特定的形式和技术指标要求。工程管线的布置更需要严格依照技术要求进行。上述内容都强调工程技术和经济效益两方面的合理性，场地设计也因此而显现出技术性很强的一面。在设计中需要更多的科学分析，更多的理性和逻辑思维。

与此同时，场地设计要进行另一类的工作。在场地中大到布局的形态，小到道路和广场的细部形式、绿化树种的搭配、地面铺装的形式和材质、景园小品的形式和风格等，特别是场地的细部，都是与使用者在场地中的感官体验直接相关的。这些内容的处理并没有硬性的规定，也没有复杂的技术要求，更没有一个一成不变的模式去套用，设计中需要的是更多的艺术素养和丰富的想象力。这使场地设计又显现出了艺术性的一面。

风景园林建筑设计中需要解决的问题多种多样，既有宏观层次上的又有微观层次上的，这种两重性在风景园林建筑场地设计中同样有突出体现。从风景园林建筑场地设计的整个程序上来看，场地设计的内容处于设计的初期和末期两个端部。初期的用地划分和各组成要素的布局安排是总体上的工作，具有宏观性的特征。末期的设施细部处理、材料和构造形式的选择是细节上的工作，具有微观性的特征。场地的最终效果既依赖宏观上的秩序感和整体性，又依赖微观上的细腻感和丰富性。因此，场地设计既需要宏观上的理性的控制和平衡，又需要微观上的敏感和耐心。

总之，由于内容组成的丰富多样，场地设计呈现出了多重的特性，既有科学的一面又有艺术性的一面，既有理性的成分又有感性的成分。这些特性交织在一起，使场地设计成了一项高度综合性的工作。

## 第二节　风景园林建筑外部环境设计的基本原则

### 一、整体性原则

整体性是风景园林建筑及其构成空间环境的各个要素形成的整体，体现建筑环境在结构和形态方面的整体性。

#### （一）结构的整体性

结构是组成要素按一定的脉络和依存关系连接成整体的一种框架。风景园林建筑和外部环境要形成一定的关系才有存在的意义，外部环境才能体现出一定的整体秩序。整体性原则立足环境结构的协调之上，并使建筑与其所处环境相契合，建立建筑及其外部环境各层面的整体秩序。

风景园林建筑外部环境的每个层面均具有一定的结构。城市环境由不同时期的物质形态叠加而成。每个城市的发展都有独特的结构模式，城市的各个部分都和这种结构具有一定的关系，并依据一定的秩序构成环境。风景园林建筑设计应当植根于现存的城市结构体系中，尊重城市环境的整体结构特征。地段环境应当是城市环境中的构成单元，是符合城市自身结构逻辑的、相对独立的空间环境。风景园林建筑设计应当尊重城市地段环境的整体框架，与已建成的形体环境相配合，创造和发展城市环境的整体秩序。

场地环境是指由场地内的建筑物、道路交通系统、绿化景园设施、室外活动场地及各种管线工程等组成的有机整体。建筑设计的目的就是使场地中各要素尤其是建筑物与其他要素建立新的结构体系，并和城市环境、地段环境相关联，从而和外部空间各个层面形成有机的整体。

风景园林建筑和外部环境空间秩序的关系存在两种方式。其一是和外部环境空间秩序的协调。由于外部环境空间的秩序是在漫长的历史发展过程中形成的，往往存在维持原有结构秩序的倾向，使秩序结构具有稳定性等特点，从而对风景园林建筑设计形成一种制约。其二是对外部环境空间秩序的重整。随着经济结构和社会结构的演变，环境秩序也随之发生变化。由于原有的环境秩序往往很难适应发展变化的要求，环境内部组织系统的变化总是滞后于发展变化，从而导致城市的结构性衰退。因此，风景园林建筑设计必须使各组成要素和子系统按新的方式重新排列组合，建立新的动态平衡。

### （二）形态的整体性

风景园林建筑形态是外部环境结构具体体现的重要组成部分。外部环境任何一个层面的形态都具有相对完整性，出色的外部环境具有的富于变化的统一美体现于整体价值。风景园林建筑设计要与外部环境层面的形态相关联，保证建筑空间、形式的统一。新建筑能否融合于既存的建筑环境之中，在于构成是否保持和发展了环境的整体性。

各环境层面都具有相对独立的功能和主体。功能的完整与建筑和环境密切相关。风景园林建筑实体的布局要注意把握环境功能的演变，建筑实体的功能要符合城市功能的演变规律，从而使建筑功能随城市经济发展而不断变化，防止建筑功能的老化。对一些功能较为混乱、整体机能下降、出现功能性衰退的地区，风景园林建筑设计要担负起整合环境功能的重要作用，使建筑的外部空间具有相对完整性。

## 二、连续性原则

连续性原则是指风景园林建筑及其外部环境的各个要素从时间上相互联系组成一个整体，体现建筑及其外部环境构成要素经历过去、体验现在、面向未来的演化过程。

### （一）时间的延续性

就时间的特性而言，外部环境是动态发展着的有机整体。风景园林建筑及其外部环境把过去及未来的时间概念体现于现在的环境中。随着历史的演进，新的内容会不断地叠加到原有的外部空间环境中。通过不同时间内容的增补与更新，不断调整结构以适应新时代。

这种时间特性使建筑形态在外部环境中表现出连续性的特征。风景园林建筑及其外部环境的设计应体现连续性特征及动态的时间性过程。因此，风景园林建筑形式的产生不是偶然的，它与既存环境有着时间上的联系，是环境自身演变、连续的必然。

风景园林建筑设计要重视环境的文脉，重视新老建筑的延续，这种时间性过程又被称为“历时”的文脉观念。在文脉主义和符号学者的理论与实践中，对如何实现对历史文化的传承和延续做了不少探索。建筑形式的语言不应抽象地独立于外部世界，必须依靠和根植于周围环境中，引起对历史传统的联想，同周围的原有环境产生共鸣，从而使建筑在时间、空间及其相互关系上得以延续。传统空间环境中形式符号的运用可以丰富建筑语汇，使环境具有多样性。由于传统环境形态和建筑形态与人们的历史意识和生活风俗有不同程度的关联，合理运用这些因素将有助于促进人们对时间的记忆。

### （二）形态的连续性

外部环境的形态具有连续性的特征，加入风景园林建筑环境的每一栋新建筑，在形式上都应尊重环境，强调历史的连续性。其形态构成应与先存的环境要素进行积极对话，包括形式（如体量、形状、大小、色彩、质感、比例、尺度、构图等）上的对话，以及与原有建筑风格、特征及含义上的对话，如精神功能表现以及人类自我存在意义的表达等。历史不是断裂的，而是连续的，外部环境中建筑形态的创造也应当体现出这种形式与意义的连续。

风景园林建筑与外部环境的构成应将现存环境中有效的文化因素整合到新的环境之中，不能无条件地、消极地服从于现存的环境。风景园林建筑设计应在把握环境文脉的基础上大胆创新，以新的姿态积极开拓新的建筑环境，体现和强化环境的特征。这种特征不应是对过去的简单模仿，而应在既存的环境中创造新的形态。

## 三、人性化原则

人类社会进步的根本目标是要充分认识人与环境的双向互动关系，把关心人、尊重人的概念具体体现于城市空间环境的创造中，重视人在城市空间环境中活动的心理和行为，从而创造出满足多样化需求的理想空间。

### （一）意义性

意义是指内在的、隐藏在建筑外部环境中的文化含义。这种文化含义由外部环境中的历史、文化、生活等人文要素组成。由于审美意识不同，不同的人对环境意义的理解也不同。因此，风景园林建筑的外部环境是比自然空间环境更有意义的空间环境。在漫长的历史进程中，它积淀了城市居民的意志和行为要求，形成了自己特有的文化、精神和历史内涵。在这个多元化的时代，社会生活对风景园林建筑环境的要求是多方面的，人们需要多样化的生活环境。但是，多样性的环境仍应以一定的意义为基础。

设计师应当把握隐藏于风景园林建筑形象背后的深层含义，如社会礼仪、生活风俗、自然条件、材料资源、文化背景、历史传统、技术特长乃至地方和民族的思想、情感、意识等，也就是把握对风景园林建筑精神本质的感受。只有这样，才能在风景园林建筑环境构成上确切地反映出人们的思想、意志和情感，与原有风景园林建筑文化形成内在的呼应，从根本上创造出环境的意义。

### （二）开放性

如果把城市当成一个系统，城市就是由许许多多较小的子系统相互作用组合而成的。随着风景园林建筑规模的不断扩大，功能组成也越来越复杂，从而使人们对建筑和城市的时空观念发生了变化。风景园林建筑及其外部环境形态构成模式由“内向型”向“外向型”转化，表现为风景园林建筑与城市之间的相互接纳和紧密联系。许多城市功能及其形成的城市环境，不断向风景园林建筑内部渗透，并将城市环境引入建筑。风景园林建筑比以往任何时候都更具“外向”的特征，它们与城市环境的构成因素密切地形成一个整体。因此，风景园林建筑设计必须突破建筑自身的范畴，使建筑设计与各环境层面相辅相成、协调发展，让风景园林建筑空间和外部公共空间相互穿插与交融，从而使建筑真正成为城市有机体中的一个组成部分，创造出具有整体性的丰富多彩的城市空间。

### （三）多样性

多样性是指风景园林建筑及其外部环境受特定环境要素的制约而形成各自不同的特点。风景园林建筑环境的使用者由于所处的背景不同而对建筑环境有不同的要求。而且，社会生活对建筑及其外部环境的要求是多方面的，人们需要多样的生活环境，只有多样的环境才能适应和强化多样的生活。特定的制约因素是多样性存在的前提，风景园林建筑环境受特定的自然因素和人文因素的制约而形成多样化的特点。

多样性原则强调风景园林建筑环境构成的多样性和创造性，因此，新的建筑构成应对外部环境不断地加以充实。新颖而又合理的形态将会使原有的环境秩序得以发展，从而建立一种新的环境秩序。建筑师应具备敏锐的环境感应能力，善于从原有环境的意象中捕捉创新的契机与可能。风景园林建筑的建造不仅是物质功能的实现，还应体现外部环境多方面的内涵，它的形成与社会、经济、文化、历史等多方面的因素有关，并满足各种行为和心理活动的要求，使城市真正成为生动而丰富的生活场所。此外，新的历史条件下出现的新技术、新材料、新工艺等对风景园林建筑产生了各种新的要求，风景园林建筑设计也应与之相适应，表现出多样性的特点。

#### （四）领域性

人类的活动具有一定的领域性。领域是人们对环境的一种感觉，每个人对自己所生活的城市空间都有归属感。人与人相遇的场地是具有社会性的领域，如开放的公共交往场所。人们的很多日常体验都是在公共领域内产生的，它不仅满足了最基本的城市功能——为人们的交往提供场所，还为许多其他功能及意义的活动的发生创造了条件。建筑师就是要设计这种领域，使其具有一定的层次性、私密性、归属感、安全感、可识别性等。

领域性要求城市空间具有不同的层次和不同的特性，以适应人们不同行为的要求。因此，风景园林建筑环境的构成应当有助于建立和强化城市空间的领域性，从公共空间—半公共空间—半私有空间—私有空间形成不同层次的过渡，形成良好的领域感。单体建筑不应游离于整体城市领域性空间的创造之外，而应积极地参与环境的构成，形成不同性质的活动场所。

具有领域性的城市环境要求建筑与建筑之间的外部空间不应是消极的剩余空间，而应是积极的城市空间，风景园林建筑形态的构成应积极与其他建筑、街道、广场等相配合，建立良好的领域性空间，创造完整的空间环境秩序，从而使城市空间的层次和特性更为清晰，使环境的整体性特征更加明确。

### 四、可持续性原则

可持续性原则注重研究风景园林建筑及其外部环境的演变过程以及对人类的影响，研究人类活动对城市生态系统的影响，并探讨如何改善人类的聚居环境，达到自然、社会、经济效益三者的统一。在城市建设和风景园林建筑设计领域，可持续发展涉及人与环境的关系、资源利用、社区建设等问题。人们的建设行为要按环境保护和节约资源的方式进行，对现有人居环境系统的客观需求进行调整和改造，以满足现在和未来的环境和资源条件，不能仅从空间效率本身去考虑规划和设计问题。

### （一）空间效率

空间体系转型的要求须从过去的“以人为中心”过渡到以环境为中心，空间的构成需要根据环境与资源所提供的条件来重新考虑未来的走向。人必须在自然环境提供的时空框架内进行建设并安排自己的生活方式，强调长期环境效率、资源效率和整体经济性，并在此基础上追求空间效率。风景园林建筑及其外部空间将向更加综合的方向发展。综合城市自然环境和社会方面的各种要素，在一定的时间范围内使空间的形成既符合环境条件又满足人们不断变化的需求。

### （二）生态环境

生态建筑及其空间是充分考虑到自然环境与资源问题的一种人为环境。建造生态建筑的目的是尽可能少地消耗一切不可再生的资源和能源，减少对环境的不利影响。“生态”一词准确地表达了“可持续发展”这一原则在环境的更新与创造方面所包含的意义。因此，在协调风景园林建筑设计与外部环境的过程中，要遵循生态规律，注重对生态环境的保护，要本着环境建设与保护相结合的原则，力求取得经济效益、社会效益、环境效益的统一，创造舒适、优美、洁净、整体有序、协调共生并具有可持续发展特点的良性生态系统和城市生活环境。

## 第三节　风景园林建筑外部环境设计的具体方法

### 一、场地设计的制约因素

场地设计的制约因素主要包括自然环境因素、人工环境因素和人文环境因素，这些因素从不同程度、不同范围、不同方式对风景园林建筑设计产生影响。

## （一）影响场地的自然环境因素

场地及其周围的自然状况，包括地形、地质、地貌、水文、气候等可以称为影响场地设计的自然环境因素。场地内部的自然状况对风景园林建筑设计的影响是具体而直接的，因此，对这些条件的分析是认识场地自然条件的核心。此外，场地周围邻近的自然环境因素以及更为广阔的自然背景与风景园林建筑设计也关联密切，尤其是场地处于非城市环境之中时，自然背景的作用更为明显。

### 1. 地形与地貌是场地的形态基础

包括总体的坡度情况、地势走向、地势起伏的大小等特征。一般来说，风景园林建筑设计应该从属于场地的原始地形，因为从根本上改变场地的原始地形会带来工程土方量的大幅度增加，建设的造价也会提高。此外，一旦考虑不周就会对场地内外造成巨大的破坏，这与可持续发展原则是相违背的，所以从经济合理性和生态环境保护的角度出发，风景园林建筑设计对自然地形应该以适应和利用为主。

地形的变化起伏较小时，它对风景园林建筑设计的影响力是较弱的，这时设计的自由度可以放宽；相反，地形的变化起伏幅度越大，它的影响力也越大。

当坡度较大、场地各部分起伏变化较多、地势变化较复杂时，地形对风景园林建筑设计的制约和影响就会十分明显了，道路的选择、广场及停车场等室外构筑设施的定位和形式的选择、工程管线的走向、场地内各处标高的确定、地面排水的组织形式等，都与地形的具体情况有直接的关系。

当地形的坡度比较明显时，建筑物的位置、道路、工程管线的定位和走向与地形的基本关系有两种：一种是平行于等高线布置；另一种是垂直于等高线布置。一般来说，平行于等高线的布置方式土方工程量较小，建筑物内部的空间组织比较容易，道路的坡度起伏比较小，车辆及人员运行也会比较方便，工程管线的布置也很方便。当然，在具体的风景园林建筑设计中两种情况经常会同时出现，权衡利弊、因地制宜才是解决之道。

地貌是指场地的表面状况，它是由场地表面的构成元素及各元素的形态和所占的比例决定的，一般包括土壤、岩石、植被、水体等方面的情况。土壤裸露程度、植被稀疏或茂密、水体的有无等自然情况决定了场地的面貌特征，也是场地地方风土特色的体现。风景园林建筑设计对场地表面情况的处理应该根据它们的具体情况来确定原则和具体办法。

对植被条件进行分析时应了解认识它们的种类构成和分布情况，重要的植被资源应调查清楚，如成片的树林，有保存价值的单体树木或特殊的树种都要善于加以利用和保护，而不是一味地砍除。植被是场地内地貌的具体体现，植被状况也是影响景观设计的重要因素，人在充满大自然气息的大片植被中和寸草不生的荒地中的感觉是截然不同的。此外，场地内的植被状况也是生态系统的重要组成部分，植被的存在有利于良好生态环境的形成。因此，保护和利用场地中原有的植被资源是优化景观环境的重要手段，也是优化生态环境（包括小气候、保持水土、防尘防噪）的有利条件。许多场地良好环境的形成就是因为利用了场地中原有的植被资源。地表的土壤、岩石、水体也是构成场地面貌特征的重要因素。地表土质与植被的生长情况密切相关，土质的好坏会影响场地绿化系统的造价和维护的难易程度，在进行场地绿化配置时，树种的选择应考虑场地的表土条件。突出地面的岩石也是场地内的一种资源，设计中加以适当处理，就会成为场地层面环境构成中的积极因素。场地内部或周围若有一定规模的水体，如河流、溪水、池塘等会极大地丰富场地的景观构成，并改善周围的空气质量和小气候。

总之，场地现状的地貌条件对风景园林建筑设计尤其是绿化景园设施的基本设置和详细设计有重要的意义。当场地原有的地貌条件较好时，应尽量采取保护和利用的方法，这有利于场地原有生态条件和风貌特色的保持，也有利于修建施工后场地层面环境的迅速恢复，还能有效降低场地内绿化系统设施的造价，在经济上可以最大限度地节约。在这种情况下进行风景园林建筑设计时应该尽量减少由于构筑物及其人工建造设施而造成的影响和破坏，毕竟人工的建造可以在相对较短的时间内完成，但原有的绿化和植被等自然条件不是一朝一夕能形成的，一旦在建造过程中造成破坏，将是不可估量的损失。当然，在风景园林的建筑设计中经常会遇到这样的问题，通常采取的措施是避让或搬迁原有的树木。场地布局应使建筑物、道路、停车场等避开有价值的树木、水体、岩石等，选择场地中的其他“空间”来组织设计。相应地，绿化系统设施应利用原有的资源进行配置，尽量只是在原有的绿化基础上加以改造和修剪，充分利用和珍惜大自然赋予我们的每一份资源。

2. 气候与小气候是自然环境要素的重要组成部分

气候条件对风景园林建筑设计的影响很大，拥有不同气候条件的地区会有不同的建筑设计模式，也是促成风景园林建筑具有地方特色的重要因素之一。一方面要了解场地所处地区的气象背景，包括寒冷或炎热程度、干湿状况、日照条件、当地的日照标准等；另一方面要了解一些比较具体的气象资料，包括常年主导风向、冬夏主导风向、风力情况、降水量的大小、季节分布以及雨水量和冬季降雪量等。场地及其周围环境的一些具体条件比如地形、植被、海拔等会对气候产生影响，尤其是对场地小气候的影响。比如，地区常年主导风向的路线会因地形地貌、树木以及建筑物高度、密度、位置、街道等的影响而有很大的改变，场地内外如果有较大的地势起伏、高层建筑物等因素还会对基地的日照条件造成很大的影响。此外，场地的植被条件、水体情况也会对场地的温湿度构成影响。场地的小气候条件会因客观存在的诸多因素而影响建筑设计以及人的心理感受，具体情况的变化需要设计者进行分析和研究。

场地布局尤其是建筑物布局应考虑当地的气候特点，建筑物无论集中布局还是分散布局，其形态和平面的基本形式都要考虑寒冷或炎热地区的采暖或通风散热的要求。在寒冷地区，建筑物以集中式布局为宜，建筑形态最好规整聚合，这样建筑物的体形系数可以有效地减小，总表面积也会减小，有利于冬季保温。炎热地区的建筑宜采取分散式布局，以便于散热和通风。采取集中式布局时，建筑物在场地中多呈现比较独立的形式，场地中的其他内容也会比较集中；分散式布局常会把场地划分为几个区域，建筑物与其他内容多会呈现穿插状态。当场地中有多栋建筑时，布局应考虑日照的需求，根据当地的日照标准合理确定日照间距，建筑物的朝向应考虑日照和风向条件，主体朝向尽量南北向处理以便冬季获得更多日照，也可防止夏季的西晒，主体朝向与夏季主导风向一致有利于获得更好的夏季通风效果，避开冬季主导风向可防止冬季冷风的侵袭。

风景园林建筑设计应尽量创造良好的小气候环境。建筑物布局应考虑广场、活动场、庭院等室外活动区域向阳或背阴的需要以及夏季通风路线的形成。高层建筑的布局应防止形成高压风带和风口。适当的绿化配置也可以有效地防止或减弱冬季冷风对场地层面环境的侵袭。此外，水池、喷泉、人工瀑布等设施可以调节空气的温湿度，改善局部的干湿状况。

### （二）影响场地的人工环境因素

一般来说，人工环境因素主要包括场地内部及周围已存在的建筑物、道路、广场等构筑设施以及给排水、电力管线等公用设施。如果场地处于城市之外或城市的边缘地段，这类场地通常是从未建设过的地块，不存在从前建设的存留物；或建设强度很低，各种人工建造物的密度很小，场地的建筑条件是比较简单的，人工环境因素对建筑设计的影响也是较弱的。这时，自然环境因素就成了制约场地层面环境的主导因素。如果场地处于城市之中的某个地段时，场地中往往会存在一些建筑物、道路、硬地、地下管线等人工建造物，场地也经过了人工整平，自然形貌已被改变。无论如何，场地都是整体城市环境中的一个组成部分，风景园林建筑设计不仅要结合场地内部的环境进行，还要促进整体城市环境的改善。

影响场地的人工环境因素需要分为两个部分来考虑：场地内部和场地周围。

#### 1. 场地内部

场地原有内容较少，状况差，时间久且没有历史价值，与新目标的要求差距大。例如，原有的居住性平房要求改建成高层写字楼，这种场地内的原有内容在新的建设项目中很难被加以利用，因此，他们对风景园林建筑设计的制约和影响可以忽略不计，可以采取全部清除，重新建设的办法。

场地中存留内容具有一定的规模，状况较好，与新项目的要求接近。例如，场地中原有一块平整的硬地，新项目中需要一个广场，就可以对硬地加以充分利用，节约资源。如果原有的内容具有一定的历史价值，需要保留维护，就应当酌情处理，不能采取拆除重建的办法，否则就是对社会财富的浪费和对城市历史的破坏，这时采取保留、保护、利用、改造、与新建项目相结合的办法是较为妥当的。这样虽然会在风景园林建筑设计上增加困难，却是值得的。一般来说，原有的建筑物是最应该被回收利用的，因为建筑物往往是项目中造价最高的部分。如果场地的规模很大，那么原有的道路以及地下管线设施就应尽量保留利用，在原有的基础上可以加宽、拓展。这样做的好处有两点：一方面可以节约投资，减少浪费；另一方面可以缩短工期，提高工作效率，符合可持续发展的要求。

2. 场地周围

场地周围的建设状况是影响场地人工环境因素的另一重要部分，概括起来可以分为以下几个部分：一是场地外围的道路交通条件；二是场地相邻的其他场地的建设状况；三是场地所处的城市环境整体的结构和形态（或属于某个地段）；四是基地附近所具有的特殊的城市元素。

场地处于城市之外或城市边缘时，人工环境要素对风景园林建筑设计的影响是较弱的，与场地直接关联的就是外围的交通道路。在城市中，交通压力一般比较大，所以无论场地外还是场地内，人员和车辆的流动都会形成一定的规模，由于城市用地规模有限，场地交通组织方式的选择余地会相对缩小，这时外围的交通道路条件对风景园林建筑设计的制约作用明显增强。

场地外部的城市交通条件对风景园林建筑设计的制约先是通过法规来体现的，然后才是场地周围的城市道路等级、方向、人流、车流和流向，这些会影响场地层面环境的分区、场地出入口的布置、建筑物的主要朝向、建筑物主要入口位置等。一般来说，对外联系较多的区域和公共性较强的区域应靠近外部交通道路布置，比较私密的、需要安静的区域则要远离。因此，风景园林建筑的设计在场地中会留有开放型的广场或活动场所，以便接纳人流和满足建筑的使用，主入口也相对处于明显的位置。在居住区，大型的广场和活动场所则需要设置在内部，这样对场地的要求就会提高，主入口的设置也需要避开主要的外部交通道路和人流。

在很多情况下，场地相邻的其他场地的布局模式是外围人工环境制约因素最主要的一部分，体现为能否与城市形成良好的协调关系。在城市中，场地与场地之间是紧密相连的，都是城市整体中的一个片段，如街道、建筑绿地等要素组成了场地，一块块场地衔接在一起构成了城市的整体，所以场地应与相邻的其他场地形成协调的整体关系。

首先，在考虑项目及场地的内容组成时，应参照周围场地的配置方式。比如，相邻场地中都有较大的绿化面积时，在新的设计中就要相应地扩大绿化面积。

其次，各场地要素的布置关系，也应该参照相邻场地的基本布局方式和形态。比如，相邻场地的建筑物都沿街道布置，那么新项目中的风景园林建筑设计也应该采取这样的布置方式以保持连续的街道立面。

最后，场地中各元素具体形态的处理，应与周围其他同类要素相一致。如果周围的场地内广场、庭院等的形态都比较自由，那么新项目的广场和庭院风格不应太规整严肃，具体元素的形式、形态的协调也是形成统一环境的有效手段。

场地周围的城市背景是一个宏观性的问题。一个有序的城市，它的结构关系是比较明确的，具有特定的倾向性。对风景园林建筑设计来说，不仅要考虑场地内部的状况，照应到周围邻近场地的形态，且还应考虑更大范围的城市形态和城市结构关系，个体的场地应顺应城市的整体形态，从而成为城市结构的一部分。

场地周围会存在一些比较特殊的城市元素，这些特殊的元素对风景园林建筑设计会有特定的影响，比如有些时候场地会邻近城市中的某个公园、公共绿地、城市广场或其他类型的城市开放性空间，或一些重要的标志性构筑物，这时风景园林建筑设计必然会受到这些因素的影响，充分利用这些特殊条件可以使风景园林建筑设计变得更加丰富、灵活多变，进行场地布局时也可以对这些有利条件加以利用，使场地层面环境与这些城市元素形成统一融合的关系，使两者相得益彰。当然，利弊总是交织存在的，比如噪声、污染等，因此，风景园林建筑应该针对这些特定的不利条件采取一些措施，减弱或降低干扰。

### （三）影响场地的人文环境因素

场地层面环境的人文环境因素包括场地的历史与文化特征、居民心理与行为特征等内容。这种人文因素的形成往往是城市、地段、场地三个层面环境综合作用的结果。场地设计要综合分析这些因素，使场地具有历史和文化的延续性，创造出具有场所意义的场地环境。

风景园林建筑与场地层面环境人文因素的协调，首先要有层次地从历史及文化角度进行城市、地区、地段、场地、单体建筑的空间分析，从而和城市的整体风貌特征相协调；其次要考虑场地所在地段的环境、场所等形成的流动、渗透、交融的延伸性关系，使地段具有历史及文化的延续性，和地段共同形成具有场所意义的地段空间特征；最后要立足场地空间环境特征的创造，把握社会、历史、文化、经济等深层次结构，并和居民心理、行为特征、价值取向等相结合且做出分析，创造出具有特征的场地空间。

## 二、场地环境与风景园林建筑布局

### （一）山地环境与风景园林建筑

#### 1. 山地环境的特点

山地的表现形式主要有土丘、丘陵、山峦以及小山峰等，是具有动态感和标志性的地形。山地作为一种自然风景类型，是风景园林环境的重要组成部分。在山地的诸多自然要素中，地形特征占据主要地位，它是决定风景园林建筑与该建筑所处区域环境关系的主要因素。山地的地形由于受自然环境的影响而没有规则的形状，根据人们约定俗成的对山体的认知，山体的基本特征可以概括为山顶、山腰、山麓。山顶是山体的顶部，山体上最高的部位，四面均与下坡相连；山腰，也被称作山坡、山躯，是位于山体顶部和底部之间的倾斜地形；山麓也被称为山脚，是山体的基部，周围大部分较为开敞平整，只有一面与山坡连接。

不同区域、地点、区位都有不同的环境特性和空间属性，山顶、山腰与山麓虽然属于同一山脉，但都有自身的环境特征和空间属性。山顶是整个山体的最高地段，站在山顶可以从全方位的角度观赏景观，空间、视线十分开阔，由于自身形象比较独立，因此，在一定范围内具有控制性。山腰是山顶和山麓的连接部分，通常具有一定坡度，地段的一面或两面依托于山体，空间具有半开敞性，坡地也有凹凸之分，凸形往往形成山脊，具有开放感，开敞性较强，山脊地形在风景环境中还有另外一种作用，那就是起到景观的分隔作用，作为各个空间的交叉场所，它把整个风景环境进行分割，山脊地形的存在使观赏者在视线上受到遮挡，景观不能一目了然，因而能激发人不同的空间感受；凹形往往形成山谷，具有围合感和内向性。山麓地带在大多数情况下坡度都较为和缓，且常与水相接，地势呈现水平向的趋势，与平原地带相交时，根据地势地貌的不同，有的是小的断崖面，戛然而止，有的坡度较大，有的则是和缓坡地来过渡。山麓地带以其优越的自然条件，往往成为人类栖居和建造活动的主要场所，也是人类对山体改造最大的部位。山麓地带处于山体和平原的交接地带，是两者共同的边缘之处，这一地带往往是视觉的焦点，因而在这一区域进行营建时对风景园林建筑造型需要经过周密的推敲。山体的山脊通常会在山麓地带的交会处形成围合之势的谷地或盆地，两侧被山体所围合，具有隔离的特点，表现出幽深、隐蔽、内向的空间属性。从建筑学的角度出发，是一种具有特殊场所感的建筑基地，山地给人的心理感受极其可观，可利用的形式也是独特的。



### 2. 风景园林建筑与山地的结合方式

山地环境中的风景园林建筑不同于其他类型风景园林建筑的一个重要特征是在建造技术上需要克服山地地形的障碍、获取使用空间、营造出供人活动的平地，山地环境中的风景园林建筑与山体的结合方式有几种不同的方式，表达了风景园林建筑与山体共处的不同态度。具体的结合方式有以下几种：

（1）平整地面，以山为基

这是处理山地地形与风景园林建筑关系最简单的一种方法，对凹凸不平的地形进行平整，使风景园林建筑坐落于平台之上，以山为基。这种做法使风景园林建筑的稳定性增强，适合于坡度较缓、地形本身变化不大的山地环境地段。对地面的平整并非只采用削切的手法，还可以利用地形筑台，将建筑置于人工与自然共同作用下的台基之上，以增强建筑的高耸感与威严感，使建筑体量突出于山体，并且具有稳定的态势。这种高台建筑的形式在中国最早的风景园林建筑中就已经出现，用以表达对自然的崇拜。此外，对地面标高的适应可以在建筑物内部利用台阶、错层、跃层的处理手法实现，使风景园林建筑造型产生错落的层次，丰富风景园林建筑的内部空间。

（2）架空悬挑、浮于山体

若想使山地环境中的风景园林建筑依山就势呈现一种险峻的姿态，可使风景园林建筑主体全部或部分脱离地面。浮于山体的方式一般有两种：底层架空和局部悬挑。底层架空指的是将风景园林建筑底部脱离山体地面，只用柱子、墙体或局部实体支撑，使风景园林建筑体的下部保持视线的通透性，减少建筑实体对自然环境的阻隔，表现出对自然的兼容。这种形式在我国四川、贵州等地的“吊脚楼”中较为常见，这种民居利用支柱斜撑的做法，在较为局促的山地上争取到更多的使用空间，充分利用了原有地形的高差。

（3）依山就势，嵌入山体

风景园林建筑体量嵌入山体最直接的做法是将建筑局部或全部置于原有地面标高以下。根据山地地段形态的不同，具体的处理手法也有不同的变化。具体的处理手法根据山地地形的不同而有所区别。有的风景园林建筑依附山体自然凹陷所形成的空间，比如山洞，使建筑体量正好填补山洞的空缺，也有的风景园林建筑在山地的自然坡面上开凿洞穴，并在坡面上为地下的风景园林建筑设置自然采光。如在凹形地段，风景园林建筑背靠环绕凹形地段的上部坡面布置，屋顶覆盖上部地面的凹陷范围并与上部坡面形成一个整体，就是传统风景园林建筑中巧于因借的做法。

#### 3. 山地环境中的风景园林建筑设计方法

（1）嵌入山体的设计方法

这种方法是使风景园林建筑的面尽可能多地依靠于山体，如在标高落差较大的坎状地形上，一般是背靠山体，使山体直接充当风景园林建筑的部分墙体，若是有更有利的条件，比如在山体凹陷处，就可以将风景园林建筑最多的面嵌入其中，此时山体不仅可以充当建筑墙面，还可以充当建筑的屋顶，使风景园林建筑看起来像是镶嵌在山体中一样。

（2）建筑浮空的设计方法

风景园林建筑浮空的方法可以是建筑底层架空，也可以是建筑局部悬挑。底层架空的风景园林建筑选址可以在较平缓的地段，也可以在较陡峭的地段，但是局部悬挑的风景园林建筑一般要在坡度较陡、比较险峻的地段，悬挑与风景园林建筑主体部分的地面要有一定的高差，如果地势平缓，悬挑的部分就失去了险峻感，没有了意义。

### （二）滨水环境与风景园林建筑

#### 1. 滨水环境特点

（1）动态水体的场所特征

水的一个重要特征就是“活”与“动”。动态水体与风景园林建筑的有机结合，使建筑环境更加丰富、生动。水的虚体质感与建筑的实体质感形成感官上的对比。对于动态水，常利用其水声，衬托出或幽静，或宏伟的空间氛围和意境。另外，在自然界大型的天然动态水景区中，建筑常选在合适的位置，并采用借景的手法。

（2）静态水体的场所特征

静态水体的作用是净化环境，倒映建筑实体的造型、划分空间、扩大空间，丰富环境色彩、增添气氛等。在静态水与风景园林建筑的关系上，建筑或凌驾于水面之上，或与水面邻接，或以水面为背景。自然中的静态水增添了环境的幽雅，与充足的阳光相交融，给人们提供了充满自然气息和新鲜空气的健康环境。静态水以镜面的形式出现，反衬出风景园林建筑环境中的丰富造型和色彩变化，并且创造了宁静、丰富、有趣的空间环境，在改善环境小气候、丰富环境色彩、增加视觉层次、控制环境气氛等方面也起到了特有的作用。虚涵之美是静水的主要特点，平坦的水面与建筑的形体存在统一感，因而在特定的空间内可以相互协调。

（3）水的景观特性

水的可塑性非常强，这是由它的液体状态决定的，所以水要素的形态往往和地形要素结合在一起，有高差的地形能形成流动的水，比如溪流或瀑布；平坦或凹地会形成平静的水面。

水的景观特性还表现在它的光影变化。一是水面本身的波光，荡漾的水波使水面上的建筑得到浮游飘荡洒脱的情趣；二是对水体周围景物的反射作用，形成倒影，与实体形成虚实对比效果；三是波光的反射效果，光通过水的反射映在天棚、墙面上，具有闪光的装饰效果。

另外，水的流动性决定了它在风景园林建筑中的媒介作用，水能自然地贯通室内外空间，使风景园林建筑内部空间以多层次的序列展开。

**2. 风景园林建筑与水体的结合方式**

风景园林建筑与水体不同的结合方式，会展现出两者不同的融合态势，产生的整体效果也会大相径庭，因此，风景园林建筑与水体结合在一定程度上决定了建筑形象的塑造。一般来说，建筑与水体的结合方式有踞于水边、直接临水、浮于水面、环绕水面等几种。

（1）踞于水边

风景园林建筑与水体有一段距离，并不与水体直接相连。风景园林建筑往往把最利于观景的一面直接面向水体方向，以加强与水体景观的联系与渗透。风景园林建筑与水体之间的空间可以处理成人工的活动空间，也可以保持原有的生态状态，目的是促进风景园林建筑与水体更好地融合。

（2）直接临水

风景园林建筑以堤岸为基础，建筑边缘与水体常直接相连，建筑与水面之间一般设有平台作为过渡，增加凌波踏水的情趣和亲切感。通常临水布置的风景园林建筑，宜低平舒展向水平方向延伸，以符合水景空间的内在趋势。中国传统建筑直接临水的部位往往透空，设置坐板和向外倾斜的扶手围栏供人依靠，使整体建筑造型获得轻盈飘逸的气质。

（3）浮于水面

风景园林建筑体量浮空于水面之上是滨水建筑十分典型的处理手法，以此来满足人们亲水的需求。我国干栏式民居就是这种处理方式，用柱子直接把建筑完全架空。从很多实例中可以发现，浮空于水面的小品建筑大部分表现出轻灵通透的特征，有些是采用架空的方式，通过用纤细的柱子与厚实的屋顶对比而产生；有的则是采用悬挑的方式，把建筑的一部分直接悬挑于水面之上，并配以简洁的形体、纯净的色彩以及玻璃的运用，这种现代的手法在造型上给人更强的力度感和漂浮感，材料与色彩的选用都与纯净透明的水体相呼应，产生了很好的融合效果。在踞于水边或临于水边的结合方式中也常见这种方式。这种做法克服了水面的限制，使风景园林建筑与水体局部交织在一起，上部实体和下部的空透所形成的虚实对比使风景园林建筑获得了较强的漂浮感。

（4）环绕水面

环水建筑通常是风景园林建筑设置在水域中的孤岛上，作为空旷水域空间的中心，建筑围水而建，其特点是以水景为中心，利用建筑因素构成自然风景环境中的小环境。

### 3. 滨水环境中风景园林建筑的设计方法

（1）建筑浮空的设计方法

在滨水环境中使风景园林建筑浮空主要体现是建筑空灵轻盈的感觉，一般有两种方法：底层架空与局部悬挑。若是水边的傍水风景园林建筑底层架空，水岸的地形一般会有起伏，底层架空空出下部空间，使水面的虚无之感延续到岸边陆地；若使风景园林建筑凌空于水面之上，则要将建筑全部伸入水中，底层架空，用柱子等支撑，且建筑体量不宜过大，否则会有沉重感，建筑围护结构最好采用透明材料或尽量减少围护结构，形成通透之感，与水面呼应。

局部悬挑的方法一般是风景园林建筑主体临水，但悬挑部分伸入水面上空，形成亲水空间。

（2）模拟物象的设计方法

波光粼粼的水面常会使人产生各种美好的联想。建于滨水环境中的风景园林建筑可以在造型处理上模拟某种与水有关的物体，使人很容易就产生联想。在湖边的风景园林建筑可以模仿船的形态，比如拙政园香洲就是用各种建筑元素模仿船头、船舱等船的各部分形态，好似一艘小船挺立于水面，既能供人登临观景，又使湖水画面更加完整；建于海边的风景园林建筑也可以模拟海中生物的形态，比如悉尼歌剧院就是模仿贝壳的形态。

### （三）植物景观要素与风景园林建筑

#### 1. 风景园林建筑布局与植物要素的呼应

在风景园林建筑的设计中，应尽量维持植物的生态性，建筑布局应尽量减少对植被和树木的破坏。比如，在风景园林建筑设计中遇到需要保护的古木，可将建筑布局绕开或将古木组合在建筑其中，这种退让既保护了植物的生态性，又使风景园林建筑的空间布局灵活而富有人情味。处于林地或植物要素密集地段环境中的风景园林建筑更应注意对植物生态系统的保护和利用。这种地段往往空间局促，这就需要设计者在创作过程中尽可能高效地利用营造空间，较少地砍伐树木或破坏植被，以维持原有生态系统的完整性。因此，风景园林建筑平面布局应尽量采用紧凑集中的布局形式，尽量避免占地面积过大的分散式布局，以减少被伐树木。

除此之外，还可以采用其他的方法来满足风景园林建筑对林地环境的适应性。比如，使用架空底部的建筑形式，减少建筑与地面的接触，以保留植被，同时能减少土方的挖掘，减少地表的障碍，以便使地面流水穿过平台下面的地面排走，这种形式对体量较小、功能较单一的风景园林建筑来说非常适合，同时体现了对自然场所生态系统的尊重，能达到风景园林建筑与自然风景环境和谐共生的目的。

#### 2. 利用植物建构风景园林建筑空间主题

作为构成风景园林的基本要素之一，植物常常被用来作为建构风景园林建筑空间主题的重要手段。这在我国古典园林中非常常见，并且一直被沿用至今，在现代风景园林的景观塑造中，常常起到画龙点睛的作用，最常用的方法就是利用植物在中国传统文化中的寓意来确定风景园林建筑环境的意境，风景园林建筑的空间布局、整体形象及构景手法都围绕这一主题或意境来展开。比如，苏州拙政园的梧竹幽居亭，梧、竹都是至清、至幽之物，亭周围共植梧竹，其意境凸显一个“幽”字。此亭位于园中部东端，背靠游廊，面朝水面，于一角坐观整个中部园区，位置掩蔽幽静。亭的外观简单朴素大方，开圆形的洞门，造型沉静稳重，亦突出一个“幽”字。坐于亭中，透过四面圆形洞门，竹子、古柏、游廊等不同的景色像一幅山水画一样，呈现在人们面前，可谓“清风明月，竹梧弄影”，动静对比，诗情画意。

#### 3. 绿化的景观性与风景园林建筑的植物化生态处理

使用这种手法的目的是在风景园林建筑外部形态上达到与自然的融合，可以在建筑的造型处理中，引入植物种植，如攀缘植物、覆土植物等。通过构架和构造上的处理，在风景园林建筑的屋顶或墙面上覆盖或点缀绿色植物，从而使构筑物隐匿于植物环境当中，藏而不露，以最原始、最生态的外部形象与绿色自然环境相协调，这种方法适用于植物环境要求较高的地段。

风景园林建筑周边的绿化对建筑的环境景观性具有重大意义。绿篱可以划分出多种不同性质的空间，在建筑前面划分出公共外环境与室内环境之间的过渡空间，属于半私密性的区域，在建筑后面可划分出完全隐蔽的私密空间。藤本植物可以攀爬在建筑立面上，可以在建筑外墙上形成整片的绿壁，也可起到改善室内环境的作用。绿化的景观性必须结合树木和建筑来考虑，高大的树木既能柔和建筑物轮廓，又能通过与建筑物形体的对比和统一构成一系列优美的构图：低矮建筑配置高大树木会呈现出水平与垂直间的对比；低矮建筑配置低矮的树木，则体现了亲切舒缓的环境气氛。

### （四）人文景观要素与风景园林建筑

#### 1. 对传统文化内涵的传承

（1）“人本主义”的社会伦理观

中国传统文化最关注的是人精神领域方面的问题，人文价值最被看重。处在社会中的人，创造了一系列的伦理关系，包括人与人、人与社会、社会各群体之间相互关系的基本道德准则，每个人都同社会这个群体息息相关。中国古典园林的设计也是基于这一人本主义的思想基础，并为这一伦理秩序而服务。各种宗教祭祀性风景园林建筑，便是这一精神功能的物化体现。在这种秩序森严的人伦观的影响下，便形成了威严气派的皇家园林，对称的中轴线、严整的空间序列，体现了皇权至上、尊卑有序的观念，为人们提供了一种安全感、稳定感、永恒感、威严感和自豪感。

（2）天人合一的自然环境观

人与自然的关系，从总的演变过程来看，大致是经过这样一个历程，即生于自然—敬畏自然—神话自然—人化自然—崇尚自然—向往自然—重返自然。所谓的“天人合一”，是中国哲学中关于人与自然之间关系的一种观点。经历过对自然从怕到敬、从远离到回归的一个过程，中国传统文化中对待自然的态度形成了“上下与天地同流”“天地与我并生，万物与我为一”的人与自然和谐统一的观点。中国传统园林空间除了要考虑如何满足人的需要外，还要考虑古人讲的天、地、人三者之间的关系，即人、建筑与环境的关系应当十分和谐。这种对自然环境的态度在中国的自然式山水园林上得到了完美的体现，“天人合一”成为风景园林艺术追求的最高境界。

（3）传统哲学辩证观的影响

《周易》中所研究的“气”之流动，指导古人建成了许多生存环境优越、布局合理的聚落，这种空灵流动的理念同样深深地影响着中国古典园林的造园思想，典型的表现就是对空间的表达。在中国古典园林中，无论建筑还是自然环境都追求连贯流动的空间形态。在这里，空间不再是一个静止的画面，而是随着视线、视点的变化而变化的动态画面，时曲时直、时动时静、时虚时实、时隐时现，步移景异。这种空间的连续性使园林空间活泼而有节奏，不仅使环境、空间“活”了起来，还挑动着人类在城市中日渐麻木的感觉和神经。

（4）传统文学艺术的渗透与审美精神的借鉴

由于古代造园者多为文人雅士，所以封建社会形成的安静淡雅、浪漫隐逸的文人思想深深地渗透于古典园林的造园思想、手法中。文人造园，最注重情和意的表达，追求文学艺术与环境艺术的交融。中国古典园林发展到唐宋，田园诗、山水画渐渐与园林艺术融为一体，文人们常常根据诗与画中表达的意境叠山理水，并通过匾额和对联来表达文学意境，引导欣赏者进入一个“诗情画意”的世界。建园必先立意，先有意而后有形，“得意忘形”甚至成为传统文化的特殊表达。

中国传统风景园林文化的审美情趣崇尚“不似之似”“虽由人作，宛自天开”“迁想妙得”“外施造化，中得心源”这种写意的审美特征，拓展了风景园林的创作思路，超越了自然与现实的界限，创作出一种现实世界并不存在的鲜活灵动的艺术。事实证明，中国传统风景园林特有的审美精神是激发现代风景园林创作灵感的不竭源泉。在现代风景园林的设计中，只延续传统的意境已经不能适应现代人的审美观，因此，在继承传统文化的同时，应不断加以开创发展。

2. 与风景环境文化脉络之联系

风景园林建筑文化，广义的理解是指风景园林建筑的物质功能和风景园林建筑形态所表现的精神属性。风景园林的环境文脉是指风景区或风景园林地段的历史文化脉络。中国古典园林经过数千年的发展，理论及设计手法已经相当成熟，许多城市公园、新园林、风景名胜区等都是将中国古典园林加以改造发展起来的。在这种状况下，新旧的交融自然成为国内建筑师、景观设计师应思考的问题。

（1）风景园林建筑的物质功能与风景园林环境文化的联系

风景园林建筑的物质功能要融合于风景园林环境的历史文化或时代文化中。由于社会性质的转变、旅游业的发展，风景园林的开放对象由小部分群体扩大到整个社会阶层，人流量是过去无法比拟的。随之生成的是风景园林建筑的服务功能，这些新生的建筑类型处于历史痕迹明显的风景园林环境之中，怎样融合于历史文化脉络之中，并成为文脉中代表当前文化活动的一环延续下去成为“未来的历史”，就成了设计中不得不慎重考虑的一个方面。

（2）风景园林建筑的外部造型与风景园林环境文化的联系

除了物质功能，风景园林建筑的形态景象也要融于风景园林环境的历史文脉中，最鲜明的表象便是建筑风格的确定。当一个地区或一个环境有或曾经有显著的历史时空遗迹时，新创作的建筑如果能尽量体现这种历史风格，就能把游人的思绪引向此地的历史空间，将游客置于一个特定的民族文化氛围之中。比如，西安作为中国封建社会鼎盛时期（汉唐时期）的都城，城市形象已离不开唐风汉韵的渗透，如果新建风景园林建筑能表现这种风格，便能使历史文化脉络得以延续下去。

3. 风景园林建筑的地域性

风景园林建筑的地域性首先要考虑的是人文的地方性，它包括地区社会的意识形态、组织结构、文化模式等，它是地方文脉传承的文化特性，影响着风景园林建筑的形态和气质，是最具代表性的人文形态；其次是生态的地方性传承，主要是指生态环境和建造技术的地区性差异，包括气候条件、地方材料等，是能影响风景园林建筑设计的物质载体。

在当今全球化日趋严重的建筑背景下，风景园林建筑只有对地区理性的回归，充分尊重地方传统、文化、生态及相关建造技术，并融入现代先进的技术和经验，才能使地方特性得以充分发展与进步。

中国幅员辽阔，不同地区的地域性建筑文化各不相同。因此，不同地区的风景园林建筑对乡土建筑文化的吸收和表达也存在差异。在现代风景园林建筑设计中，有很大一部分位于民族、地域建筑文化特色浓郁的特殊地区，如岭南、江浙等汉族中地域文化传统较特殊的地区，或少数民族区域。这些地区民族、地域文化内涵具有特殊的地域性，如果设计者能以这种地域文化为创作基点，比如民俗、服饰等，对这些乡土文化加以提炼，将具备地域认同感的色彩、材料、装饰等以现代手法表现出来，更容易使人们形成共鸣。对乡土文化的提升和转化通常有以下两种形式：

一是基本遵循传统民居的布局、形体、尺度特征，为适应现代结构和功能，建筑细部做简化、抽象处理，在传统的气氛中体现现代风景园林建筑的特征。

二是在现代结构、材料、形体的基础上，融入乡土建筑的语汇，用现代的手法加以改造、变形、重组，使之具有鲜明的时代特点，并透出地方风格。

风景区内的建筑，不妨多采用一些民居的手法，也能创作出好的作品。一些风景园林建筑由于体量较小、布局灵活，与民居存在一定的相似性，所以在创作时可以在遵循当地传统民居的布局、造型、尺度等特征的基础上，对细部或局部加以简化变形，在传统的气质中透露出现代风景园林建筑的特征，还可以在采取现代技术材料的基础上融入地域建筑（特别是民居）的语汇，透出地方风格。

## 三、交通系统与风景园林建筑设计

### （一）场地道路与建筑的关系

场地道路的功能、分类取决于场地的规模、性质等因素。一般中小型风景园林建筑场地中道路的功能相对简单，应根据需要设置一级或二级可供机动车通行的道路以及非机动车、人行专用道等；大型场地内的道路须依据功能及特征明确确定道路的性质，充分发挥各类道路的不同作用，组成高效、安全的场地道路网。场地内的道路可根据功能划分为场地主干道、场地次干道、场地支路、引道、人行道等。

场地道路的形态会影响风景园林建筑的布局。场地主干道是场地道路的基本骨架，通常交通流量较大、道路路幅较宽、景观要求较高。有时场地主干道的走向、线形等因素甚至能决定建筑的布局形态。场地次干道是连接场地次要出入口及其他组成部分的道路，它与主干道相配合。场地支路是通向场地内次要组成部分的道路，交通流量稀少、路幅较窄，一般是为保证风景园林建筑交通的可达性及消防要求而设置。引道即通向建筑物、构筑物出入口，并与主干道、次干道或支路相连的道路。人行道包括独立设置的只供行人和非机动车通行的步行专用道、机动车道一侧或两侧的人行道，可与绿化、广场或绿化带相结合，形成较好的风景园林建筑景观。

### （二）场地停车场与建筑的关系

停车场是指供各种车辆（包括机动车和非机动车）停放的露天或室内场所。停车场一般和绿化、广场、建筑物以及道路等结合布置，有两种类型：地面停车场和多层停车场。地面停车场构造简单，但占地较大，是一种最基本的停车方式。多层停车场是高层建筑场地中解决停车问题的主要方式，以有效减少停车场占用基地面积为目的，为其他内容留出更多余地，有效实现地面的人车分离，创造安全、安静、舒适的建筑环境。

停车场的布局可分为集中式和分散式两种。

#### 1. 停车场的集中式布局

停车场的集中式布局有利于简化流线关系，使之更具规律性，易做到人车活动的明确区分，用地划分更加完整。其他用地可相应集中，有利于提高用地效率，形成明晰的结构关系。

2. 停车场的分散式布局

停车场的分散式布局可使场地交通的分区组织更明确，流线体系划分更细致具体，易于和场地中的其他形态相协调，提高了用地效益，但会增加场地整体内容组织形态的复杂程度。

停车场的布局是城市交通的重要组成部分，选址要符合城市规划的要求。机动车停车场的选址要和城市道路有便捷的连接，避免造成交叉口交通组织的混乱，从而影响干道上的交通。机动车停车场还会产生一定程度的噪声、尾气等环境污染问题，为保持环境宁静，机动车停车场和建筑之间应保持一定的距离。

## （三）场地出入口与建筑的关系

风景园林建筑出入口在布局时要充分、合理地利用周围的道路及其他交通设施，以争取便捷的对外交通联系，同时应减少对城市干道交通的干扰。当场地同时毗邻城市的主干道和次干道时，应优先选择次干道一侧作为主要机动车出入口。根据有关规定，人员密集的建筑场地至少应有两个不同方向通向城市道路的出入口，这类场地或建筑物的主要出入口应避免布置在城市主要干道的交叉口。

# 第六章　风景园林建筑的内部空间设计

## 第一节　风景园林建筑空间的分类与相关因素

### 一、建筑空间的概念

人们的一切活动都是在一定的空间范围内进行的。其中，建筑空间包括室内空间、建筑围成的室外空间以及两者之间的过渡空间，给予人们的影响和感受是最直接、最普遍、最重要的。

人们从事建造活动，耗力最多、花钱最多的地方是在建筑物的实体方面，如基础、墙垣、屋顶等，但是人们真正需要的却是这些实体的反面，即实体所围起来的“空”的部分，也就是“建筑空间”。因此，现代建筑师都把空间的塑造作为建筑创作的重点来看待。

人们对建筑空间的追求并不是什么新的课题，是人类按自身的需求，不断地征服自然、创造性地进行社会实践的结果。从原始人定居的山洞、搭建最简易的窝棚到现代建筑空间，经历了漫长的发展历程，而推动建筑空间不断发展、不断创新的，除了社会的进步，新技术和新材料的出现，给创作提供了可能性外，最重要、最根本的就是人们不断发展、不断变化着的对建筑空间的需求。人与世界接触，因关系及层次的不同而有不同的境界，人们就要求创造各种不同的建筑空间去适应不同境界的需要：人类为了满足自身生理和心理的需要而建立私密性较强、具有安全感的建筑空间；为满足家庭生活的伦理境界，建造了住宅、公寓；为适应宗教信仰的境界而建造寺观、教堂；为适应政治境界而建造官邸、宫殿、政治大厦；为适应彼此交流与沟通的需要而建造商店、剧院、学校……风景园林建筑空间是人们在追求与大自然的接触和交往中所创造的一种空间形式，有其自身的特性和境界，人类的社会生活越发展，建筑空间的形式也必然会越丰富、越多样。

中国和西方在建筑空间的发展过程中，曾走过两条不同的道路。西方古代石材结构体系的建筑，呈团块状集中为一体，墙壁厚、窗洞小，建筑的跨度受石料的限制使内部空间较小，建筑艺术加工的重点自然放到了“实”的部位。建筑和雕塑总是结合为一体，追求雕塑美，因此，人们的注意力就集中到所触及的外表形式和装饰艺术上。后来发展了拱券结构，建筑空间得到了解放，于是建造了像罗马的万神庙、公共浴场，歌特式的教堂，以及一系列有内部空间层次的公共建筑物，建筑的空间艺术有了很大发展，内部空间尤其发达，但仍未突破厚重实体的外框。我国传统的木构架建筑，由于受木材及结构本身的限制，内部的建筑空间一般比较简单，单体建筑相对定型。在布局上，总是把各种不同用途的房间分解为若干栋单体建筑，每幢单体建筑都有其特定的功能与一定的“身份”，以及与这个“身份”相适应的位置，然后以庭院为中心，以廊子和墙为纽带把它们结合为一个整体。因此，就发展成为以“四合院”为基本单元的建筑形式。庭院空间成为建筑内部空间的一种必要补充，内部空间与外部空间的有机结合成为建筑设计的主要内容。建筑艺术处理的重点，不仅表现在建筑结构本身的美化、建筑的造型及少量的附加装饰上，还强调建筑空间的艺术效果，精心追求一种稳定的空间序列层次。我国古代的住宅、寺庙、宫殿等，大体都是如此。我国的园林建筑空间为追求与自然山水相结合的意趣，把建筑与自然环境更紧密地配合起来，因而更加曲折变化、丰富多彩。

由此可见，除建筑材料与结构形式上的原因外，由于中国与西方对空间概念的认识不同，就形成了两种截然不同的空间处理方式，产生了代表两种不同价值观念的建筑空间形式。

## 二、建筑空间的分类

建筑空间是一个复合型的多义型概念，没有统一的分类标准。因此，按照不同的分类方式可以进行以下划分。

### （一）按使用性质分类

#### 1. 公共空间

公共空间是可以由社会成员共同使用的空间。如展览馆、餐厅等。

2. 半公共空间

半公共空间指介于城市公共空间与私密或专有空间之间的空间。如居住建筑的公共楼梯、走廊等。

3. 私密空间

私密空间指由个人或家庭占有的空间。如住宅、宿舍等。

4. 专有空间

专有空间指供某一特定的行为或为某一特殊的集团服务的建筑空间。既不同于完全开放的公共空间，又不是私人使用的私密空间。如小区垃圾周转站、配电室等。

### （二）按边界形态分类

空间的形态主要靠界面、边界形态来确定，分为封闭空间、开敞空间、中介空间。

1. 封闭空间

这种空间的界面相对较为封闭，限定性强，空间流动性小。具有内向性、收敛性、向心性、领域感和安全感。如卧室、办公室等。

2. 开敞空间

开敞空间指界面非常开敞，对空间的限定性非常弱的一类空间。具有通透性、流动性、发散性。相对封闭空间来说，显得大一些，驻留性不强，私密性不够。如风景区接待建筑的入口大厅、建筑共享交流空间等。

3. 中介空间

中介空间介于封闭空间与开敞空间之间的过渡形态，具有界面限定性不强的特点。如建筑入口雨篷、外廊、连廊等。

### （三）按组合方式分类

按不同空间组合形式的不同，可分为加法构成空间、减法构成空间。

1. 加法构成空间

在原有空间上增加、附带另外的空间，并且不破坏原有空间的形态。

2. 减法构成空间

在原有的空间基础上减掉部分空间。

### （四）按空间态势分类

相对围合空间的实体来说，空间是一种虚的东西，通过人的主观感受和体验，产生某种态势，形成动与静的区别，还具有流动性。可分为动态空间、静态空间、流动空间。

1. 动态空间

动态空间指空间没有明确的中心，具有很强的流动性，产生强烈的动势。

2. 静态空间

静态空间指空间相对较为稳定，有一定的控制中心，可产生较强的驻留感。

3. 流动空间

流动空间在垂直或水平方向上都采用象征性的分隔，保持最大限度的交融与连续，视线通透，交通无阻隔或极小阻隔，追求连续的运动特征。

### （五）按结构特征分类

建筑空间存在的形式各异，其结构特征基本上分为两类：单一空间和复合空间。

1. 单一空间

单一空间只有一个形象单元的空间，一般建筑、房间多为简单的抽象几何形体。

2. 复合空间

复合空间是按一定的组合方式结合在一起的、具有复杂形象的空间。大部分建筑都不只有一个房间，建筑空间多为复合空间，有主有次，以某种结构方式组合在一起。

### （六）按分隔手段分类

有些空间是固定的，有些空间是活动的，围合空间出现的变化产生了固定空间和可变空间。

1. 固定空间

固定空间是经过深思熟虑后，使用不变、功能明确、位置固定的空间。

2. 可变空间

可变空间为适应不同使用功能的需要，用灵活可变的分隔方式（如折叠门、帷幔、屏风等）来围隔的空间，具有可大可小，或开敞或封闭，形态可产生变化。

### （七）按空间的确定性分类

空间的限定性并不总是明确的，按其确定性程度的不同，会产生不同的空间类型，如肯定空间、模糊空间、虚拟空间。

#### 1. 肯定空间

界面清晰、范围明确，具有领域感。

#### 2. 模糊空间

其性状并不十分明确，常介于室内和室外、开敞和封闭两种空间类型之间，其位置也常处于两部分空间之间，很难判断其归属，也称灰空间。

#### 3. 虚拟空间

边界限定非常弱，要依靠联想和人的完形心理从视觉上完成其空间的形态限定。它处于原来的空间中，但又具有一定的独立性和领域感。

## 三、建筑空间设计的相关因素

建筑的发展过程一直表现为一种复杂的矛盾运动形式，贯穿发展过程中的各种矛盾因素错综复杂地交织在一起，只有抓住其中的本质联系，才能发现建筑发展的基本规律。建筑空间的相关因素主要包括：空间与功能、空间与审美、空间与结构、空间与行为和心理。

### （一）空间与功能

建筑功能是人们建造建筑的目的和使用要求。功能与空间一直是紧密联系在一起的。对人来说，建筑真正具有的使用价值不是实体本身，而是所围合的空间。马克思主义哲学中“内容与形式”的辩证统一关系能很好地说明功能与空间的关系：一方面功能决定空间形式；另一方面，空间形式对功能具有反作用。在建筑中，功能表现为内容，空间表现为形式，两者之间有着必然的联系，如居室、教室、阅览室等功能不同，构成空间形式不同；而办公、商店、体育馆、影剧院等建筑物也因不同的功能布局形成各自独特的空间形态和空间组织方式。

功能决定空间，主要表现在功能对空间的制约性方面。

首先，功能对单一空间的制约性主要表现在三个方面：量的制约、形的制约、质的制约。

1. 量的制约

空间的大小、容积受功能的限定。一般以平面面积作为空间大小的设计依据。例如，卧室在 10 ~ 20 平方米可基本满足要求，在一个住宅单元中，起居室是家庭成员最为集中的地方，活动内容比较多，因此面积最大，餐厅虽然人员也相对集中，但只发生进餐行为，所以面积可以比起居室小。

2. 形的制约

功能除了对空间的大小有要求，还对空间的形状具有一定的影响。居住建筑中的房间，矩形房间利于家具布置（虽然异形房间更富有趣味，但不利于家具布置）。教室虽然也为矩形，但由于有视听的要求，长、宽比有一定的要求。电影院、剧院等观演建筑，由于视听要求更高，空间形状的差异更大。

3. 质的制约

空间的“质”主要指采光、通风、日照等相关条件，涉及房间的开窗和朝向等问题，少数房间还有温度、湿度以及其他技术要求，这些条件的好坏，直接影响空间的品质。以开窗为例，开窗的基本目的是采光和通风，开窗的大小取决于房间的使用要求，如居住建筑窗地比为 1/10 ~ 1/8，阅览室为 1/6 ~ 1/4 等。此外，不同的功能要求还会影响开窗的形式，从而对具体的空间形式产生制约性，如有的房间要求单侧采光，有的要求双侧采光，有的要求高侧窗或间接采光，还有些需要顶部采光。

其次，功能对多空间组合的制约性。大多数建筑都是由多个房间组成的。各个空间不是彼此孤立的，而是具有某种功能上的逻辑关系。因此，功能不只对单一空间有制约性，对空间的组合也有制约性，即根据建筑物的功能联系特点来创造与之相适应的空间组合形式，这种空间组成形式并不是单一的，而是千变万化的，具有灵活性。只有把握好制约性和灵活性的尺度，才能创造出既经济实用又生动活泼的建筑形式。

社会的发展对建筑不断提出新的功能内容要求。从建筑的发展来看，功能对建筑空间的要求不是静止的，时时刻刻都在发生变化。这种要求必然与旧空间形式产生矛盾，导致对旧空间形式的否定，并最终产生新的空间形式。随着现代建筑的发展，现代建筑师又提出了“多功能性空间”或“通用空间”的概念。

功能对空间形式具有决定作用，但不能忽视空间形式本身的能动性，一种新的空间形式出现后，不仅适应了新的功能要求，还会促使功能朝着更新的高度发展。如现代大跨度结构使室内大空间得以实现，使室内的大型聚会成为可能。

### （二）空间与审美

众所周知，只有人类才具有理性思维和精神活动的能力，这是其他生物不能比拟的。人类有思维能力，就会产生精神上的需要，所以建筑这种人为的产物不仅要满足人类的使用要求，还要满足人类的精神要求。建筑给人提供活动空间，这些活动包括物质活动和精神活动两方面。在建筑漫长的发展过程中，人类在满足自我精神需要的同时，养成了一定的审美习惯。因此，建筑空间可以看成是受功能要求制约的合用空间和受审美要求制约的视觉空间的综合体。

建筑是人类社会的特有产物，因此，建筑的审美观念不是孤立存在的，必然受到文化、宗教、民族、地域等方面社会性要素的影响，如东西方建筑的差异、南北地区建筑的差异、不同宗教建筑的差异等。人类的审美观念是对客观对象的一种主观反映形式，属于意识形态，它是由客观存在决定的。当客观现实改变以后，思想观念也必然会改变。因此，人类的审美习惯不是一成不变的，它将随着时代的发展而产生变化。无论古典建筑还是现代建筑，都遵循着形式美“多样统一”的原则，如巴黎圣母院和美国国家美术馆东馆，它们的比例都很合适，构图也很均衡，只是在具体处理中由于审美观念的差异而采用不同的标准和尺度。

此外，建筑是一种文化，是人们从事各项社会活动的载体，一切文化现象都发生在其中。它既表达自身的文化形态，又比较完整地反射出人类文化史。就建筑的物质属性而言，它是时代科技的结晶，反映最先进的科学技术发展水平，具体表现在建筑材料、建筑结构、建筑技术、建筑设备等，是时代物质文明的缩影。而在社会属性方面，人类的一切精神文明的成果也都渗透其中。雕刻、雕塑、工艺美术、绘画、家具陈设等可见的形象，是建筑空间和建筑环境的组成部分。而比较隐蔽的象征、隐喻、神韵等内涵，作为建筑之魂也都与人的精神生活和精神境界相联系。这些就是建筑空间的审美特征。即环境气氛、造型风格、象征含义。

1. 环境气氛

由于空间特征的不同，造成不同环境气氛，如温暖的空间、寒冷的空间、亲切的空间、拘束的空间、恬静的空间、典雅古朴的空间……空间之所以给人以这些不同的感觉，是因为人特有的联想感觉产生了审美的反映，赋予了空间各种性格。平面规则的空间比较单纯、朴实、简洁；曲面的空间感觉比较丰富、柔和、抒情；垂直的空间给人以崇高、庄严、肃穆、向上的感觉；水平空间给人以亲切、开阔、舒展、平易的感觉；倾斜的空间给人以不安、动荡的感觉。

不同的空间形式带来不同的环境气氛。空间形式受到功能因素和审美因素的双重制约，因此既要满足功能因素，又要满足审美因素，有时审美因素的比重要大于功能因素。例如，住宅的层高，2.2 米就能满足各种人体尺度，但很显然这一高度过于压抑了。所以从人的感受出发，一般采用 2.8 ~ 3.6 米的层高。并且这个数据在频繁使用过程中，产生一种相对固定的审美感觉，过高、过低都被认为是不舒服的。又如单纯从宗教祭祀活动的使用要求看，教堂的高度即使降为原来的 1/3 也不影响使用。但其崇高、神秘的宗教气氛和艺术感染力就将荡然无存。由此可见，在某些空间中，左右空间形式的与其说是物质功能，还不如说是精神方面的需求。

2. 造型风格

建筑空间的造型风格也是建筑审美特征的集中体现。风格是不同时代思潮和地域特征通过创造性的构思和表现而逐步发展成的一种有代表性的典型形式。可以说每一种风格的形成莫不与当时当地的自然和人文条件息息相关，尤其与社会制度、民族特征、文化潮流、生活方式、风俗习惯、宗教信仰等关系密切。如 20 世纪以前的各个不同历史时期，中西方传统建筑风格迥异，但从 21 世纪开始由于交通逐渐发达和文化的融合，地域性差异已经减少到最低限度甚至于消失。

3. 象征含义

建筑艺术与其他艺术形式不同，虽然也能反映生活，却不能再现生活。因为建筑的表现手段不能脱离具有一定使用要求的空间和形体，只能用一些比较抽象的几何形体，运用各组成部分之间的比例、均衡、韵律等关系来创造一定的环境气氛，表达特有的内在含义。

从这个意义上说，建筑是一门象征性艺术。所谓象征，就是用具体的事物和形象来表达一种特殊的含义，而不是说明该事物的自身。象征属于符号系统，为人类所独有。象征是人类相互间进行文化交流的载体，属于人类文化的范畴，它具有时代性、民族性和地域性。

### （三）空间与结构

通过建筑空间来满足物质功能要求或是满足精神审美要求，要实现这些目的，有必要用物质技术手段来做保证，这个手段便是建筑空间的结构形式，建筑物要在自然界中得以生存，首先要依赖结构。

建筑是技术与艺术的结合，技术是把建筑构思转变为现实的重要手段，建筑技术包括结构、材料、设备、施工技术等，其中结构与空间的关系最密切。中国哲学家老子有关于空间“故有之以为利，无之以为用”的论述，清楚地说明了实体结构和内部空间之间的关系，即“有”与“无”是“利”与“用”的关系，也就是手段与目的的关系。

结构既是实现某种空间形式的手段，又往往对空间形式产生制约。如传统建筑结构形式穹顶最大可做到 42 米的跨度，直到 19 世纪末，新结构、新材料产生之后才有了更大的跨度。

把符合功能要求的空间称为适用空间，符合审美要求的空间称为视觉空间，把符合力学规律和材料性能的空间称为结构空间。在建筑中，这三者是一体的，建筑创造的过程就是这三者有机统一为一体的过程。首先，不同的功能要求都需要一定的结构形式来提供相应的空间形式；其次，结构形式的选择要服从审美的要求；再次，结构体系和形式反过来也会对空间的功能和美观产生促进作用。

### （四）空间与行为和心理

虽然建筑是一种为人服务的媒介和手段，可以诱发某种行为和充当某种功能的载体，但真正的行为主体是人，唯有人自己才是需要和活动行为的动因。倘若建筑空间中没有任何人的行为发生，则空间只是闲置在那里，没有任何价值；反之，没有建筑空间作为依托，许多人类社会行为也就不会发生。因此，空间与行为是相辅相成的一对元素，从环境意义上考虑空间的创造，才能形成真正的建筑空间。人类的行为与人类的心理特征是分不开的，人类有关建筑方面的心理需求包括：基础心理需求和高级心理需求。

### 1. 基础心理需求

停留在感知和认知心理活动阶段的心理现象、需求都为基础心理需求，如建筑空间给人的开放感、封闭感、舒适感等。

### 2. 高级心理需求

（1）领域性与人际距离

人在进行活动时，总是力求其活动不被外界干扰和妨碍，因此每一个人周围都有属于自己的范围和领域，这个领域称为“心理空间”。它实质是一个虚空间。如在公共汽车上，先上来的人总是各自占据双排座位中的一个。另外，人进行不同的活动，接触的对象不同，所处的场合不同，都会对人与人之间的距离远近产生影响。如密切距离：0 ~ 0.45 米；社会距离：1.2 ~ 3.6 米；公众距离：> 3.6 米。

建筑空间的大小、尺度以及内部的空间分隔、家具布置、座位排列等方面都要考虑领域性和人际距离。

（2）安全感与依托感

人类总是下意识地有一种对安全感的需求，从人的心理感受来说建筑空间并不是越大越好，空间过大会使人觉得很难把握，进而感到无所适从。通常在这种大空间中，人们更愿意有可供依托的物体。人类的这种心理特点反映在空间中称为边界效应，它对建筑空间的分隔，空间组织、室内布置等方面都很有参考价值。

（3）私密性与尽端趋向

如果说领域性是人对自己周围空间范围的保护，那么私密性则是进一步对相应空间范围内其他因素更高的隔绝要求。如视线、声音等，私密性不仅是属于个人的，也有属于群体的，他们自成小团体，而不希望外界了解他们。此外人们常常还要有一种尽端趋向。尽端趋向是指人们经常不愿意选择在门口处或人流来往频繁的通道处就座，而喜欢带有尽端性质的座位，例如餐厅座位、自习室座位、学生宿舍的铺位。

（4）交往与联系的需求

人不只有私密性的需求，还有交往与联系的需要。人际交往的需要对建筑空间提出了一定的要求，要做到人与人相互了解，则空间必须是相对开放、互相连通的，人们可以走来走去，但又各自有自己的空间范围，也就是既分又合的状态，如“共享空间”。

（5）求新与求异心理

如果某件事物较为稀罕或特征鲜明，就极易引起人的注意，这种现象反映了人的求新和求异心理。一些具有招揽性信息的建筑，如商业建筑、娱乐建筑、观演性建筑、展览性建筑，就是在针对人的这种心理，力求在建筑外空间的造型、色彩、灯光和内部空间特色方面有所创新，显出与众不同的个性，以吸引人们。

（6）从众与趋光心理

人们在不明情况下，往往会有一种从众心理，看见大多数人都那样做，自己也会不自然地跟从。这对建筑空间的防火防灾设计提出了要求，空间要有导向性，以便引导人流疏散。另外人还有趋光的心理，明亮的地方总是吸引人，在建筑空间设计中要巧妙利用照明布置来加强空间的吸引力，创造趣味。

（7）纪念性与陶冶心灵的需求

这是人类更高层次的心理需求，人类进行艺术创作就是要使心灵得以升华，建筑是一种艺术，它既有实用性，又有艺术性，它的最高目的就是作用于人的心灵，给人们美的享受。

## 第二节　风景园林建筑内部空间设计的内容与方法

### 一、风景园林建筑内部空间设计的主要内容

#### （一）空间组织

建筑一般由使用空间、辅助空间、交通联系空间组成。使用空间为起居、工作、学习等服务；辅助空间为加工、储存、清洁卫生等服务；交通联系空间为通行疏散服务。建筑的面积、层数、高度与建筑空间使用人数、使用方式、设备设施配置等因素有关。

建筑空间之间存在并列、主从、序列三种关系。如宿舍楼、教学楼、办公楼中的宿舍、教室、办公室，功能相同或相近似，相互之间没有直接依存关系，属于并列空间关系；影剧院中的观众厅与门厅、休息廊等，商场中的营业厅与库房、办公管理用房等，图书馆中

的目录厅与阅览室、书库等，功能上有明显的关联及从属关系，属于主从空间关系；交通建筑、纪念建筑、博览建筑等，空间上有明显的起始、过渡、高潮、终结等时序递进关系，属于序列空间关系。

建筑空间组织一般遵循功能合理、形式简明和紧凑等基本原则。空间组织有“点状聚合”“线性排序”“网格编组”“层面叠加”四种方式。如观演建筑、体育建筑等即“点状聚合”；文教建筑、办公建筑、医疗建筑等多为“线性排序”和“层面叠加”；交通建筑、博览建筑、商业建筑等多为“网格编组”及“层面叠加”。

### （二）流线组织

一般建筑空间中的流线主要有人流和货流两种类型。其中，人流活动呈通行、驻留、疏散三种方式及状态。一般情况下，人流通行由建筑的室外流向室内，交通联系空间及设备设施组织应当结合人流量、人流通行方向、人流活动规律及特点等因素考虑。紧急情况下，人流疏散由建筑的室内流向室外，疏散线路分为房间到房门、房门到走道及楼梯电梯出入口、走道及楼梯电梯出入口到建筑出入口三段设置，人流疏散时间取决于门厅位置、走道长度与宽度、坡道坡度与长度、楼梯电梯位置及数量等因素。

流线组织遵循明确、便捷、通畅、安全、互不干扰等原则。明确是指加强流线活动的方位引导；便捷与通畅即控制流线活动的长度和宽度；安全可以通过流线活动的硬件配置与软件管理得到保证；互不干扰指应当明确并区分流线活动内外、动静、干湿、洁污等关系，分别设置不同的空间及构件设施。

流线组织有枢纽式、平面式、立体式三种组织方式。

枢纽式组织主要进行门厅设计，涉及门廊或雨棚、过厅、中庭等空间设置问题，如过厅是门厅的附属空间，一般一幢建筑只有一个门厅，可以有若干过厅。

平面式组织主要进行走道设计及坡道设计。走道长度与人流通行疏散口分布、走道两侧采光通风口分布、消防疏散时间要求等因素有关；坡道一般为残疾人、老年人和儿童等特殊人群通行疏散、特殊车辆出入建筑提供服务。

立体式组织主要进行楼梯、电梯设计。

### （三）结构构件设置

建筑实体构件按照功能作用，可划分为支撑与围护结构、分隔与联系构件等。基础、梁板柱所构成的框架、屋面等是建筑的支撑结构，发挥稳定建筑空间的作用；地面、外墙、屋顶等是建筑的围护结构，发挥围合、遮蔽建筑空间的作用；内墙、楼板等是建筑的分隔构件，具有分隔建筑空间的作用；门廊或雨棚、楼梯、坡道、阳台等是建筑的联系构件，具有联系建筑空间的作用；电梯、自动扶梯、水暖电管线及设备、燃气管线及设备等是建筑的设备设施配件，为人群活动提供服务，同时改善建筑空间性能及品质。

一般情况下，支撑结构、围护结构、分隔与联系构件由建筑师负责选型，完成材料及构造设计，再由结构工程师完成材料设计和力学计算；电梯、自动扶梯由机械工程师负责设备设计，由建筑师负责设备选型；给水排水、暖气通风、电力电信中的各种管线及设备，由水暖电工程师负责配置及设计。

### （四）建筑空间形态控制

建筑空间形态控制主要包括建筑长度、宽度、高度等方面的内容。

单元空间中，单面通风采光的空间开间 / 进深一般为 =1 ：1 ~ 1 ：1.5，双面通风采光的空间层高 / 跨度一般为 1 ：1.5 ~ 1 ：4。

建筑单体中，平面空缺率 = 建筑长度 / 建筑最大深度，空缺率过大意味着建筑平面及立面凹凸变化过大，有利于建筑造型，但不利于建筑空间保温隔热及建筑用地合理使用。因此，设计师经常选取小面宽、大进深的单元空间进行空间组合。其中最为合理的单元空间立面高宽比为建筑高度 / 宽度 =1 ：0.618，符合黄金分割比例。因此，设计师经常通过调整建筑立面高宽比，以及建筑立面视角、视距关系等进行建筑形态控制。

建筑群体当中，展开面间口率（建筑群立面空隙总宽度 / 建筑群立面总长度）=6% ~ 7%，间口率的大小与建筑单体变形缝设置、建筑群体之间山墙面防火间距要求等因素有关。间口率过大意味着建筑群体关系松散，有利于建筑群体立面及轮廓线变化，但不利于建筑用地合理使用。山墙面间距控制涉及建筑日照间距、通风间距、防火间距等问题，建筑日照间距及通风间距一般决定建筑山墙面的高距比，建筑日照间距（建筑山墙面高度 / 山墙面间距）1 ：0.8 ~ 1 ：1.8，建筑通风间距（山墙面高度 / 山墙面间距）

1 ∶ 1.5 ~ 1 ∶ 2.0；建筑防火间距有 6 米、9 米和 13 米三种要求，即高层建筑之间为 13 米，高层建筑与多层建筑、低层建筑之间为 9 米，低层建筑之间为 6 米。

## 二、风景园林建筑内部空间设计的方法

### （一）合理地进行功能分区

在设计的过程中，研究了使用程序和功能关系后，就要根据各部分不同的功能要求、各部分联系的密切程度及相互的影响，分成若干相对独立的区或组，进行合理的“大块”的设计组合，以解决平面布局中大的功能关系问题，使建筑布局分区明确、使用方便、合理，保证必要的联系和分隔。就各部分相互关系而言，有的相互联系密切，有的次之，有的就没有关系；有的有干扰，有的没有干扰。设计者必须根据具体的情况进行具体分析，有区别地加以对待和处理。对于使用中联系密切的各部分就要相近布置，对于使用中有互相之间干扰的部分，应适当地分隔，尽可能地隔开布置。

合理的功能分区就是既要满足各部分使用中密切联系的要求，又要创造必要的分隔条件。联系和分隔是矛盾的两个方面，相互联系的作用在于达到使用上的方便，分隔的作用在于区分不同使用性质的房间，创造相对独立的使用环境，避免使用时的相互干扰和影响，以保证有较好的卫生隔离和安全条件，并创造较安静的环境等。下面将功能分区的一般原则与分区方式具体讨论。

#### 1. 功能分区原则

公共建筑物是由各个部分组成的，它们在使用中必然存在性质的差别，因而也会有不同的要求。因此，在设计时，不仅要考虑使用性质和使用程序，而且要按不同功能要求进行分类，进行分区布置，以达到分区明确而又联系方便的目的。

在分区布置中，为了创造较好的卫生或安全条件，避免各部分使用过程中的相互干扰以及满足某些特殊要求，在平面空间组合中功能的分区常常需要解决以下几个问题：

（1）处理好“主”与“辅”的关系

任何一类建筑都是由主要使用部分和辅助使用部分所组成的。主要使用部分为公众直接使用的部分，如学校的教室、展览馆的展室等基本工作用房；辅助使用部分包括附属及服务用房。前者可称主要使用空间，后者又称为辅助使用空间。在进行空间布局时必须考

虑各类空间使用性质的差别，将主要使用空间与辅助使用空间合理地进行分区。一般的规律是：主要使用部分布置在较好的区位，靠近主要入口，保证良好的朝向、采光、通风及景观和环境等条件；辅助或附属部分则布置在较次要的区位，朝向、采光、通风等条件可以差一些，并设置单独的服务入口。

（2）处理好“内”与“外”的关系

建筑区间，有的对外性强，直接为公众使用；有的对内性强，主要供内部工作人员使用，如内部办公、仓库及附属服务用房等。在进行空间组合时，也必须考虑这种“内”与“外”的功能分区。一般来讲，对外性强的用房（如观众厅、陈列室、演讲厅等）人流量大，应该靠近入口或能够直接进入，使其位置明显，便于直接对外，通常环绕交通枢纽布置；而对内性强的房间则应尽量布置在比较隐蔽的位置，以避免公共人流穿越而影响内部的工作。例如，临街的商店、营业厅是主要使用房间，对外性强，就应该临街布置；库房、办公纯属辅助的对内性的用房，就不宜将它临街布置在顾客容易穿行的地方。展览建筑中，陈列室是主要使用房间，对外性强，尤其是专题陈列室、外宾接待室及演讲厅等一般都是靠近门厅布置，而库房办公等用房则属对内的辅助用房，就不应布置在这种明显的位置。

（3）处理好“动”与“静”的分区关系

一般供学习、工作、休息等用途的房间希望有较安静的环境，而有的用房在使用中嘈杂喧闹，甚至产生机器噪声，这两部分的房间要求适当地隔离。这种“动”与“静”的分区要求在很多类型的建筑中都会经常遇到。例如：小学校中的公共活动教室（如音乐教室、室内体育房等）及室外操场在使用中则会产生噪声，而教室、办公室则需要安静，两者就要求适当地分开；医院建筑中门诊部人多嘈杂，也需要与要求高度安静的病区分开，以免相互干扰；图书馆建筑（尤其是公共图书馆）儿童阅览室及陈列室、讲演厅等公共活动部分也因人多嘈杂，应与要求安静的主要阅览区分开布置。因此在设计时都要认真仔细地分析各个部分的使用内容及使用特点，分析各部分“动”与“静”的情况与要求，有意识地进行分区布置。即使是同一功能的使用房间也要进行具体分析，区别对待。如商店的营业厅，一般都比较喧闹，但乐器和唱片等柜台不只是一般的喧闹，而且因试奏试听而产生较强的噪声。因此，在同一营业厅的布置中也有一个局部的分区问题，往往就将它们放置一角或分开布置，通常都要设视听间。

（4）处理好“清”与“污”的分区关系

建筑中某些辅助或附属用房（如厨房、锅炉房、洗衣房等）在使用过程中会产生气味、烟灰、污物及垃圾，必然要影响主要使用房间，在保证必要联系的条件下，要使二者相互隔离，以免影响主要工作用房。一般应将它们置于常年主导风向的下风向，且不在公共人流的主要交通线上。此外，这些房间一般比较零乱，也不宜放在建筑的主要一面，避免影响建筑的整洁和美观。因此在处理“清”与“污”的区分关系时常以前后分区为多，少数产生污染的辅助用房可以置于底层或最高层。

除了上述按功能进行分区以外，还有其他因素也常常作为分区的原则。例如有的根据空间大小、高低来分区，尽量将同样高度、大小相近的空间布置在一起，以利于结构与经济；有的根据各部分的建筑标准来分区，不将标准相差很大的用房混合布置在一起；如有的附属用房可采用简易的混合结构，我们就不必把它们布置在框架结构的主体中。

当然，上述的分区都是相对的，它们彼此不仅有分隔而且又有相互联系的一面，设计时要仔细研究，合理安排。

**2. 功能分区方式**

按照功能要求分区，一般有以下几种方式。

（1）分散分区

即将功能要求不同的各部分用房分别按一定的区域，布置在几个不同的单幢建筑之中。这种方式可以达到完全分区的目的，但也必然导致联系的不便。因此，在这种情况下就要很好地解决相互联系的问题，常加建连廊相连接。

（2）集中水平分区

即将功能要求不同的各部分用房集中布置在同一幢建筑的不同的平面区域，各组取水平方向的联系或分隔，但要联系方便，平面外形不要设计得太复杂，保证必要的分隔，避免相互影响。一般是将主要的、对外性强的、使用频繁的或人流量较大的用房布置在前部，靠近入口的中心地带；而将辅助的、对内性强的、使用人流量小的或要求安静的用房布置在后部或一侧，离入口远一点。也可以利用内院，设置“中间带”等方式作为分隔的手段。

（3）垂直分区

即将功能要求不同的各部分用房集中布置于同一幢建筑的不同层上，以垂直方向进行联系或分隔。但要注意分层布置的合理性，注意各层房间数量、面积大小的均衡，以及结构的合理性，并使垂直交通与水平交通组织紧凑方便。分层布置的设计一般是根据使用活动的要求，不同使用对象的特点及空间大小等因素来综合考虑。例如，中小学校可以按照不同年级来分层，高年级教室布置在上层，低年级教室布置在底层；多层的百货商店宜将销售量大的日用百货及大件笨重的商品置于底层，其他如纺织品、文化用品等则可置于上面的各层。

上述方法还应结合建筑规模、用地大小、地形及规划要求等外界因素来考虑，在实际工作中，往往是相互结合运用的，既有水平的分区，也有垂直的分区。

## （二）合理地组织交通流线

人在建筑内部的活动，物品在建筑内部的运用，就构成建筑的交通组织问题。它包括两个方面：一是相互的联系；二是彼此的分隔。合理的交通路线组织就是既要保证相互联系的方便、简短，又要保证必要的分隔，使不同的流线之间不相互交叉干扰。在使用频繁、有大量人流的医院、影剧院、体育馆、展览馆等建筑物中显得尤为重要。交通流线组织的合理与否是评鉴平面布局的重要标准。它直接影响到平面布局的形式。下面着重介绍一下交通流线的类型、流线组织的要求以及组织方式。

### 1. 交通流线的类型

建筑内部交通流线按其使用性质可分为以下几种类型：

（1）公共人流交通线

即建筑主要使用者的交通流线。如餐厅中就餐者流线、车站中的旅客流线、商店中的顾客流线、体育馆及影剧院中的观众流线、展览建筑中的参观路线等，它是建筑平面设计中要解决的重要问题。不同类型的建筑交通流线的特点有所不同，有的是集中式的，在一定时间内很快聚集和疏散大量人流，如影剧院、体育馆、火车站等；有的是自由的，如商业建筑、图书馆等；而有的则是持续连贯的，如展览馆、博物馆等。它们都需要具备组织大量人流进与出的能力，并应满足各种使用程序的要求。公共人流线按其人流流动的动向，可以分为进入人流线和外出人流线两种，在车站建筑中就是旅客进站流线和出站流线，在影剧院中就是进场流线和退场流线。

公共人流交通线中不同的使用对象也构成不同的人流，这些不同的人流在设计中都要分别组织，相互分开，避免彼此的干扰。例如，车站建筑中的进站旅客流线就包括一般旅客流线、母婴流线、软席旅客流线及军人流线等。一般旅客流线中通常按其乘车方向构成不同的流线，体育建筑中公共人流线除了一般观众流线外还包括运动员的流线、贵宾及首长流线等。

（2）内部工作流线

即内部管理工作人员的服务交通线，在某些大型建筑中还包括摄影、记者、电视等工作人员流线。

（3）辅助供应交通流线

如餐厅中的厨房工作人员服务流线及食物供应流线，车站中的行包流线，医院中食品、器械、药物等服务供应流线，商店中货物运送流线，图书馆中书籍的运送流线等，都属于辅助供应交通流线。

**2. 交通流线组织的要求**

人是建筑的主体，各种建筑的内外部空间设计与组合都要以人的活动路线与人的活动规律为依据，设计要尽量满足使用者在生理上和心理上的合理要求。因此，应当把“主要人流路线”作为设计与组合空间的主导线。根据这一主导线把各部分设计成一连串的丰富多彩的有机结合的空间序列。例如，设计图书馆应该以“读者人流路线”作为设计的主导线，把各个阅览室及为之服务的相关空间有机地组织起来；设计博物馆应该以“观众参观路线”作为组合空间的主导线，把各个陈列室连贯而又灵活地组织起来。对于某些有多种使用人流的建筑，如火车站，它有一般旅客人流，又有贵宾、军人等其他人流，显然应该以普通旅客进、出站的人流为主要人流，并以它为设计的主导线，而不应该过于侧重考虑首长、迎宾活动，忽视一般旅客的基本使用。

总之，交通流线的组织要以人为主，以最大限度地方便主要使用者为原则，应该顺应人的活动，不是要人们勉强地接受或服从设计者强加的“安排”。正因为“人的活动路线”

是设计的主导线，交通流线的组织直接影响到建筑空间的布局。在明确主导线的基本原则后，一般在平面空间布局时，交通流线的组织应具体考虑以下几点要求：

（1）不同性质的流线应明确分开，避免相互干扰

这就要做到使主要活动人流线不与内部工作人员流线或服务供应流线相交叉；主要活动人流线中，有时还要将不同对象的流线适当地分开；在人流集中的情况下，一般应将进入人流线与外出人流线分开，以防止出现交叉、聚集、“瓶颈”的现象。

（2）流线的组织应符合使用程序

力求简捷明确、通畅、不迂回，最大限度地缩短。这对每一类建筑设计都是重要的，直接影响着平面布局和房间的布置。比如在图书馆的设计中，人流路线的组织就要使读者方便地来往于借书厅及阅览室，并尽可能地缩短运书的距离，缩短借书的时间。

（3）流线组织要有灵活性

因为在实际工作中，由于情况的变化，建筑内部的使用安排经常是要调整的。

例如，图书馆设计（尤其是大学图书馆）既要考虑全馆开放时人流的组织又要考虑局部开放（如大学寒暑假期间）时不影响其他不开放部分的管理。在展览建筑中，流线组织的灵活性尤为重要。它既要保证参观者能按照一定的顺序参观各个陈列室，又使观众能自由地取舍，同时既便于全馆开放也便于局部使用，不致因某一陈列室内部调整布置而影响全馆的开放。这种流线组织的灵活性直接影响到建筑布局以及出入口的设置。以展览建筑为例，其中，各个陈列室相套布置，参观路线很连贯，但是没有一点儿灵活性，一旦调整某一陈列室的布置，全馆就不能开放。

当然，流线组织的连贯与灵活孰主孰次根据建筑的使用性质而有所不同，这就要根据具体情况来分析，从调查研究着手，区别对待。以展览建筑来说，历史性博物馆由于陈列内容是断代的、连贯的，因此主要是考虑参观路线的连贯，而艺术陈列馆或展览馆的参观路线则要求灵活性更多一些。

（4）流线组织与出入口设置必须与室外道路密切结合

二者不可分割，否则从单体平面上看流线组织可能是合理的，但从总平面上看可能就不合理，反之亦然。

3. 交通流线组织的方式

流线组织虽然各有自己的特点及要求，但也有共同要解决的问题，即把各种不同类型的流线分别予以合理组织以保证方便地联系和必要地分隔。因此，在流线组织方式上也有共同之处，综合各类建筑中实际采用的流线组织方式，不外乎以下三种基本方法：

（1）水平方向的组织

即把不同的流线布置在同一平面的不同区域，与前述水平功能分区是一致的。例如，在商业建筑中将顾客流线和货物流线分别布置于前部和后部；在展览建筑中，将参观流线和展品流线按照前后或左右分开布置。这种水平分区的流线组织垂直交通少，联系方便，避免了大量人流的上上下下。在中小型的建筑中，这种方式较为简单，但对某些大型建筑来讲，单纯水平方向组织交通流线不易解决复杂的交通问题或往往使平面布局复杂化。

（2）垂直方向的组织

即把不同的流线布置在不同的层，在垂直方向上把不同流线分开。如同前述，在医院建筑中将门诊人流组织在底层，各病区人流按层组织在其上部；展览建筑中将展品流线组织在底层，把参观人流线组织在二层以上。这种垂直方向的流线组织，分工明确，可以简化平面，对较大型的建筑来说更为适合。但是，它增加了垂直交通，同时分层布置要考虑荷载及人流量的大小。一般来说，总是将荷载大、人流量多的部分布置在下部，而将荷载小、人流量小的置于上部。

（3）水平与垂直相结合的流线组织

指既在平面上划分不同的区域，又按层组织交通流线，常用于规模较大、流线较复杂的建筑。

流线组织方式的选择一般应根据建筑规模的大小、基地条件及设计者的构思来决定。一般中小型建筑，人流活动比较简单，多采取水平方向的组织；规模较大、功能要求比较复杂、基地面积不大或地形有高度差时，常采用垂直方向的组织或水平和垂直相结合的流线组织方式。

## （三）创造良好的朝向、采光与通风条件

建筑是为工作、生产和生活服务的。从人体生理来说，人在室内工作和生活需要一个

良好的环境，因而建筑空间的设计要适应各地气候与自然条件就成为一项重要的课题，也是对设计提出的一项基本的功能要求。我国古代劳动人民在长期的建筑实践中，就认识到要适应自然气候条件必须注意朝向的选择，解决好采光、通风问题。

建筑中除了某些特殊房间（如暗室、电影厅、放映室等）以外，一般都需要自然采光和通风，只在大型公共建筑中，如观众厅、会议大厅或特殊要求的房间，可以采用机械通风和人工照明。

自然采光与朝向密切相关。我国地处北半球，为使冬季取得较多的日照，一般建筑都以南向或偏南向居多。在西安出土的半坡村遗址中，民居大多是朝南的，古人李渔就提出“屋以面南为正向，然不可必得，则面北者宜虚其后，以受南”，这就说明建筑要朝南，如果是坐南朝北，也要在南面多开窗以争得阳光。如果四周无法开窗，则“开窗借天以补之”，用天井或天窗来采光与通风。就北纬大多数地区来讲，建筑的朝向以南向最好，北向次之，东西向较差，但我国东北、云南、贵州等地区例外。贵州地区因“天无三日晴”，终年阴雨天，日照少，不少建筑采用西向，以“宁受西晒而不失阳光”。

所以，在建筑设计中一般将人们工作、学习、活动的主要房间大多布置在朝南或东南向的位置，而将次要的辅助房间及交通联系部分都置于朝向较差的一面，以保证主要房间有充分的日照及良好的自然采光条件。

通风与朝向、采光方式关联密切。利用自然采光的房间，一般就采用自然通风，采用人工照明为主时，则须有机械通风设备。

自然通风主要是合理地组织“穿堂风”，保证常年的主导风向能直接吹向主要工作房间或室外活动院落，避免吹不到风的“闷角”。一般主要用房应迎主导风向布置，辅助用房尤其是有烟、气味的辅助用房则应置于主要房间的下风向。

通风的组织关系到平面、空间的布局及门窗的安排。在外廊平面中，房间两面可开窗，通风较好；中间是走廊，两边是房间的平面，一般可以在内墙面开设高窗、气窗，以改善通风条件。最好两面房间门相对设置，通风会更好，但这样一来有可能会产生干扰，所以在不少旅馆中又要求将门互相错开布置，其实这种布置方法对室内通风是不利的。当房间只有一个方向能开门窗时，应尽量利用门的上下开洞口，组织上下对流或换气。

一般平面形式简单的平面，如“一”“L”形等，比较容易解决朝向、采光及通风问题，形式复杂的平面，如“口”“日”字形等，要完全解决好朝向、采光、通风问题是较难的，不可避免地会出现一些东西向的房间、不通风的“闷角”和“暗房”，甚至需要采用局部的人工照明和机械通风相辅助。与此相反，如果采用人工照明和机械通风，这就给平面布局带来极大的灵活性。它可以不受朝向、风向的约束，因而平面布局可以更灵活、更紧凑。

自然通风是我国南方地区建筑要解决的一个突出问题，长期以来，南方居民在这方面积累了丰富的经验，创造了很多通风效果良好的处理手法，是值得我们学习和借鉴的。例如，他们在空间组合中灵活运用天井院落，并使各组成部分彼此互相联系，保持气流通畅；自由地采用不同的层高，形成通畅的气流通径；在室内外空间组合中，采用开敞式厅堂，内外连接，又用通透的内部隔间（常用屏风、隔断、门罩及挂落等）分隔室内空间，虽隔却通，隔而不堵，保证了良好的穿堂风。

理想的朝向、采光及通风的要求常常与实际情况是有矛盾的。在实际工作中，当建筑位于城市拥挤的地段，或者当建筑位于风景区时，由于各方面的矛盾，有时就不可能使朝向、采光要求都得到理想的解决。在拥挤地区，平面布局受到限制，为了使平面布局紧凑，往往就会有一部分主要使用房间面向不好的朝向。在风景区，有时为了照顾景向，便于观景、借景，要求主要房间能面向景区。如果风景区位于建筑朝向不好的一面，建筑的主要房间还是要布置在朝向风景区的那一面。这时景向相对更主要，建筑的不良朝向带来的问题采用其他方法来解决。

## 第三节　风景园林建筑的空间组合与设计

### 一、空间组合的方式

风景园林建筑空间组合就是根据上述建筑内部使用要求，结合基地的环境，将各部分使用空间有机地组合，使之成为一个使用方便、结构合理、内外体形简洁而又完美的整体。但是由于各类建筑使用性质不同，空间特点也不一样，因此必须合理组织不同类型的空间，不能把不同形式、不同大小和不同高度的空间简单地拼接起来，否则势必造成建筑形体复杂、屋面高高低低、结构不合理、造型也不美观的结果。不同的矛盾，只有用不同的方法才能解决。对待不同类型的风景园林建筑，要根据它们空间构成的特点采用不同的组织方式。就各类风景园林建筑空间特征分析，有些类型的建筑由许多重复相同的空间所构成，属于这类空间组织的建筑如办公楼、疗养院、旅馆、学校等，它们要求有很多小空间的办公室、病房、客房和教室等。这些房间一般使用人数不多、面积不大、层高不高，要求有较好的朝向、自然采光和通风。各个小空间既要能独立使用、保持安静，又要和公共服务及交通设施（如卫生间、门厅、楼梯等）联系方便。有的风景园林建筑主要由一个主体大空间所构成，如电影院、剧院的观众厅及体育馆的比赛厅等，这类风景园林建筑人流量大而集中，除主体大空间外，还有一些为之服务的小空间。有的风景园林建筑则由几种大小不同的使用空间所组成。建筑空间组合必须考虑这些不同空间的特点。下面将按内部空间的联系方式介绍几种基本的空间组合的形式，也就是在设计时如何根据不同类型的风景园林建筑，选择不同的平面组合方案。

## （一）并联式的空间组合

这种空间组合形式的特点是各使用空间并列布置，空间的程序是沿着固定的线型组织的，各房间以走廊相连。它是学校、疗养院、办公楼、旅馆等建筑常采用的组合方法。它既要求各房间能独立使用，又需要使安静的教室、病房、办公室及客房等空间和公共门厅、厕所、楼梯等联系起来。这种方式的优点是：平面布局简单、横墙承重（低层时）、结构经济、房间使用灵活、隔离效果较好，并可使房间有直接的自然采光和通风，同时也容易结合地形组织多种形式。在组织这类空间时，一般须注意房间的开间和进深应该统一，否则就宜分别组织、分开布置。如医院的病房建筑，普通病房进深较大，而单人病房近深较小，两者就不宜布置在一起，通常是将单人病房与同样进深较小的护士站辅助房间一起布置。同时也要注意将上下空间隔墙对齐，以简化结构，合理安排受力。

根据房间和走廊的布局关系又可分为内廊和外廊等几种基本形式。

### 1. 外廊式

它是使用房间沿走廊的一侧布置，即一边为使用空间，另一边为交通空间。如果是南北向布置，它可以使所有的房间朝向较好的方向，可以两面开窗，确保直接自然通风，并使底层房间能方便地与室外空间相联系。它是幼儿园、中小学及疗养院等建筑最常用的组织方法，其缺点是交通面积比例大，不够经济。

当建筑是南北向布置时，它又有南北走廊之分。一般情况下会设置北走廊，以保证主要使用房间的采光。当建筑是东西向布置时则有东西走廊之别，一般做西走廊较多，兼做遮阳之用。



### 2. 内廊式

也可称为中廊式。它是各使用房间沿着走廊的两侧布置，即交通空间置于使用空间之间。此时，尽量把主要使用房间布置在朝向较好的一面，而将次要的辅助用房、厕所及楼梯间等布置在朝向较差的一面。通常是南面为主，北面为次，东面较西面好一些。这种方式较外廊式布置要紧凑、结构简单、外墙少，节省交通面积，内部联系路线缩短，冬季供暖较为有利，故北方用得多。但有部分房间朝向不好，通风不够直接。

采用这种空间组合的方式，要防止车平面转角处形成暗房间，也要避免中间走廊光线不足、通风不良及因走廊过长而产生的单南感。为了避免上述弊端，可以把走廊通过建筑的处理划分为几段较短的空间，其具体手法可以在走廊的中部设置开敞的空间，如楼梯间、休息厅等，也可以采用转折型走廊，在转折处形成“过厅”；也可将部分走廊扩大加宽，打破单一的方向感。

### 3. 内外廊混合式

它是上述两种方式的结合，即部分使用房间沿着走廊的两侧布置，部分使用房间沿走廊的一侧布置。它较外廊式要节省过道，较内廊式要大大改善房间通风和走廊的采光。在医院、疗养院、中小学常采用这种方式，一般将辅助用房置于北面，如医院建筑中的护士站、医疗室、厕所、贮藏室等。

### 4. 复廊式

即使用房间沿着两条中间走廊成三列或四列布置，常以四列居多，像轮船客舱式的布置。采用这种形式一般是将主要使用房间布置在外侧，辅助用房和交通枢纽布置在内侧，并采用人工照明和机械通风。其优点是布局紧凑、集中，进深大，对结构有利，多用于高层办公楼、旅馆、医院等建筑中。

## （二）串联式的空间组合

各主要使用房间按使用程序彼此串联，相互穿套，无须借助廊联系。这种组合方式使房间联系直接方便，具有连通性，可满足一定流线的功能要求，同时交通面积小，使用面积大。它一般应用于有连贯程序且流线明确简捷的某些类型的建筑，如车站、展览馆、博物馆、游泳馆等。比如，用于展览馆，串联式空间组合的建筑（尤其是历史博物馆）可使流线紧凑，方向单一，可以自然地引导观众由一个陈列空间通往另一个陈列空间，以解决参观顺序问题，南京雨花台烈士纪念馆就是这样的实例。这种组合方式同时可使参观流线较短，不重复、不交叉。比如，用于游泳馆可以保证售票—更衣—淋浴—游泳最短的流程。

这种组合方式同走廊式一样，所有的使用房间都可以自然采光和通风，也容易结合不同的地形环境而有多样化的布置形式。它的缺点是房间使用不灵活，各间只宜连贯使用而不能独立使用。

此外，由于房间相套，使用有干扰，因此不是功能上要求连贯的用房最好不要采用串联式。如果一定要使用这种形式，那么就应该注意宜用大的空间套小的空间，如在图书馆中，读者不应通过研究室到达阅览室，但不得已时，读者可以通过阅览室到达研究室。因为前者干扰大，而后者干扰要小一些。

串联式空间组合的另一种形式是以一个空间为中心，分别与周围其他使用空间相串联，一般是以交通枢纽（如门厅等）或综合大厅为中心，放射性地与其他空间相连。这种方式流线组织紧凑，各个使用空间既能连贯又可灵活单独使用。其缺点是中心大厅人流容易迂回、拥挤，设计时要加强流线方向的引导。

## （三）单元式的空间组合

单元式空间组合是按功能使用要求将建筑划分为若干个独立体量的使用单元，再将这些独立体量的单元以一定的方式组合起来。著名的包豪斯校舍布局的最大特点就是按各种不同的使用功能把整个校舍分为几个独立的部分，同时又按它们的使用要求把这些部分联系起来。

单元的划分一般有以下两种方式：

一种是按建筑内部不同性质的使用部分划分为不同的单元，将同一部分的用房组织在一起。比如，医院可按门诊部、各科病房、辅助医疗、中心供应及手术部等划分为不同的单元；学校可按普通教室、实验室、行政办公及操场划分为几个单元；图书馆可按阅览、书库、采编办公等来划分单元。

另一种是将相同性质的主要使用房间分组布置，形成几种相同的使用单元。比如，幼儿园可按各个班级的组成（如每班的活动室、休息室、盥洗室等组织单元）；医院病房也可按病科划分为若干护理单元，每一个护理单元把一定数量的病室及与之相适应的护理用房（护士站、医疗室等）和辅助用房等组织起来；中小学校可按不同的年级划分若干教室单元，每一单元由同一年级的几个班及相应的辅助用房、厕所等组成；旅馆建筑中也可将一定数量的客房及服务用房（服务台、盥洗室、厕所及贮藏室等）划分为一个单元。各个单元根据功能上联系或分隔的需要进行适当的组合。这种平面组合功能分区较明确，各部分干扰少，能有较好的朝向和通风，布局灵活，可适应不同的地形，同时也方便分期建设，便于按不同大小、高低的空间合理组织、区别对待，因此较广泛地应用于许多类型的建筑中。

单元之间要保证必要的联系，尤其是按各个组成部分划分的不同性质的单元彼此之间的联系是必不可少的，相同性质的单元之间联系可以相对少一些。根据具体情况，单元的组合可以有以下几种方式。

一是利用廊道把各个不同性质的单元连接起来，形成一个组合式的平面。这种方式组合灵活，室内外结合好，各部分彼此分隔较好，干扰较少，但占地大，廊道多，距离稍远。

二是将使用性质相同的单元彼此拼联，形成一个拼联式的平面。这种方式保证了必要的分隔，彼此干扰少，并可灵活拼接成多种形式，适应不同的基地条件，布局紧凑，节约用地。

三是利用单元本身作为连接体，将不同性质的各个单元组合成一个整体。这种连接体单元与各个部分都要有内在的联系，较好地解决了既方便联系又能适当分隔的要求。它广泛应用于医院、旅馆、图书馆等建筑中。在医院建筑中，利用与门诊部和病房都需要联系的辅助医疗部分作为连接体单元，将三者连接起来，组合成有机的整体；在旅馆建筑中，利用与客房单元和厨房服务单元均有联系的餐厅作为连接体单元，把三者连接起来，组合成有机的整体；在图书馆建筑中，一般按照书库、借书、阅览划分单元，通常是利用借书厅作为连接体单元，将书库和阅览室部分联系起来，组合成有机的整体。此外，有的单元也可独立布置，或用楼梯将不同的单元连接起来。

## （四）综合空间组合

由于内部功能要求复杂，某些建筑由许多大小不同的使用空间所构成，常见的如车站、旅馆、商场等。在车站中，它有大型的空间，如候车室、售票厅、行包房，还有一般小空间的办公室等；旅馆除了由许多小空间的客房组成以外，还须有较大空间的餐厅、公共活动室、娱乐室等；图书馆有阅览室、书库、采编办公等用房，层高要求也很不一样，阅览室要求较好的自然采光和通风，层高一般 4 ~ 5 米，而书库为了提高收藏能力，取用方便，层高只需 2.5 米，这样空间的高低就有明显的差别。对于这种内部空间形式和大小多种多样的建筑，就要求很好地解决内部空间组合协调问题，使内部空间组织使用方便、结构合理、造价经济。

### 1. 建筑内部空间组织的原则

内部空间组织除了满足功能要求外，还要使建筑的各个部分在垂直方向上取得全面的协调和统一，以解决建筑内部空间要求复杂与建筑形式力求简单的矛盾。为此，在进行内部空间组织时，通常要考虑以下问题：

空间的大小、形状和高低要符合功能的要求，包括使用功能和精神功能两个方面。如剧院的门厅空间，有的设计较高，没有夹层，这在观众厅有楼座的剧院中是合理的；反之，如果没有楼座，门厅空间过高，既不经济又不实用。

结构围合的空间要尽量与功能所要求的空间在大小、高低和形状上相吻合，以最大限度地节省空间，这在较大的空间组织中尤为重要。因为在满足使用要求的情况下，缩小空间体积对空调、音响的处理都有利。

大小、高低不同的空间应合理组织，区别对待，进行有针对性的排列。即根据它们不同的性质、不同的大小而将各种空间分组进行布局，同一性质和相同大小的空间分组排列，避免不同性质、不同高低的大小空间混杂置于同一高度的结构骨架内。这种不同性质、不同大小的空间分组后，通常是借助水平或垂直的排列使它们成为一个有机的整体。当采用垂直排列时，通常是将较大的空间置于较小空间之上，以免上部空间的分隔墙体给结构带来过多负荷，否则要采用轻质材料。

最大限度地利用各种“剩余”空间，达到空间使用的经济性。例如，通常大厅中的夹层空间、屋顶内的空间、看台下的结构空间以及楼梯间的下部空间等，可以利用它们做使用空间和设备空间。



### 2. 不同类型的空间组织方法

不同空间类型的建筑由于空间构成的特点不一，因而也须采用不同的组织方式。分析各类空间构成的特点，一般有以下几种情况：

（1）重复小空间的组织

属于这类空间组织的建筑，如办公楼、医院、旅馆及学校等，这些房间一般使用人数不多，面积不大，空间不高，要求有较好的朝向、自然采光和通风。各个小空间既要独立使用，保持安静，又要和公共服务、交通设施（厕所、楼梯、门厅等）联系方便。这种重复相同小空间的组织通常采用并联式布置，以走廊和楼梯把它们在水平和垂直方向排列组织起来。在组织这类空间时，一般要注意以下几个问题：

①房间的开间和进深应尽量统一，否则宜分别组织、分开布置。比如，医院的病房区，普通病房进深较大，单人病房面积小，进深也小，通常就不与进深大的病房并联布置，而是与护士站等辅助房间布置在一起，这样可保持相同的进深。

②上下空间隔墙要尽量对齐，以简化结构，使受力合理，如采用轻质隔墙，灵活分隔则另当别论。

③高低不同的空间要分开组织，如学校中的教室和办公室，教室面积较大，空间相应要高一些，办公室面积较小，空间可低一些，二者分开布置就会更经济一些。

（2）附有大厅的空间组织

在某些建筑中，其空间的构成是以小面积的空间为主，又附设有 1 ~ 2 个大厅式的用房，如办公楼中的报告厅、旅馆中的餐厅和大休息厅等。对于这类建筑空间的组织通常采用以下的办法：

①附建式。大厅与主要使用房间（也就是小空间的用房）分开组合，置于小空间组合体之外，与小空间组合体相邻或完全脱开。这种空间组织灵活，二者层高不受牵制，且便于大量人流集散，结构也较简单。

②设于底层。将大厅设于小空间组合体下部一至两层。为了取得较大空间及分隔的灵活，底层常用框架、大柱子的开间，底层空间较高。这种空间组织一般用于地段较紧张或沿街的建筑中，常见的如沿街综合办公楼、旅馆等。底层为营业厅、餐厅，上部为住宅、办公室、客房等。这种空间组织方式一般受结构限制较多，二层管道通过一层空间须加以处理。

③设于顶层。将大厅置于小空间组合体的上部，可以不受结构柱网的限制。但在人流量大又无电梯设备的条件下，会带来人流上下的不便。一般人流大、不经常使用的大厅或者有电梯设备时可以采用这种方式，如办公楼中的大会议室或礼堂，宾馆中的餐厅、宴会厅等。在实际建设中，往往是将上述三种方式互相结合、综合运用。

### （五）空间的联系与分隔

风景园林建筑是由若干不同功能的空间所构成，它们之间存在着必要的联系和分隔。比如，餐饮建筑中的餐厅和备餐间、备餐间与厨房；旅馆中的客房与盥洗室；图书馆的借书厅与阅览室等。它们之间既有密切的联系，又带有一定的分隔。设计中处理好这种空间的关系，不仅具有实际的功能意义，而且会获得良好的室内空间效果。

联系和分隔的空间组织方式很多，通常最简单的是设墙或门洞，保证相邻空间在功能上的联系和分隔。在相邻两空间不需要截然分开的情况下，常常在两者之间的天花板或地面上加以处理，用一些柱、台阶和栏杆等把它们分开，以显示出不同的空间“领域”。有时在同一室内，需要分成若干部分，还可以利用家具、屏风、帷幕、镂空隔断等，使得各部分之间既有联系又有分隔，还能够显示不同的空间领域。在餐饮建筑中，可以利用屏风、帷幕或隔断把餐厅分成若干就餐区；在图书馆中，可以利用书架将阅览室划分为若干个较安静的小阅览区；在百货商店里，可以利用柜台将营业员和顾客的使用空间分开，利用商品货架将小仓库和大营业厅分开；在展室，利用展板、展柜把它分成若干展区，达到使用的灵活；在休息室和接待室，也常用传统的屏风或博古架等来分隔空间，使空间又分又合。

另外，在垂直方向空间联系和分隔的手段主要是依靠楼梯和开敞的楼层（包括夹层）处理。楼梯是联系上下空间必要的手段，在设计中适当处理，能得到很好的空间联系效果。为了取得这种联系，建筑中的主要楼梯常采用开敞式。

在设计中，不仅要合理地组织建筑内部的使用空间，还必须考虑室内外空间有机地结合。有些建筑要求与室外有密切的联系，如幼儿园中的活动室与室外活动场地，公园茶室中的餐厅和露天茶室，展览建筑中的陈列室和室外陈列场地等。它们都是室内使用空间的延伸和补充，具有实际的使用功能，必然要求内外空间既分隔又联系。此外，室内外空间联系也有助于扩大空间、丰富空间，使建筑与环境很好地结合起来。

## 二、博览建筑的空间组合与设计

### （一）博览建筑的组成

博览建筑主要涵盖博物馆、美术馆、陈列馆、展览馆、纪念馆、水族馆、科技馆、民俗馆、博物园、博览会 10 种类型，它们之间除了共性之外，都有各自的特殊要求。

#### 1. 博览建筑的组成内容

博览建筑的规模、性质不同，组成内容各异，就当前国内外博览建筑的组成看，大多包括六大部分，即藏品储存、科学研究、陈列展出、修复加工、群众服务、行政管理。由于博览建筑任务及性质的不同，各部分又有不同的侧重和强化，使之具有不同的特点和个性。

（1）藏品储存部分

藏品储存部分包括接纳、登记、编目整理、暂存库房、永久库房、特殊库房、消毒间等。有时为了专业研究的需要，藏品库还可对专业人员开放，供研究之用。这种库房就成为开架式的藏品库，附设有更衣室、办公室、化验室、珍品库等房间。

（2）科学研究部分

科学研究部分包括各种专业的分析室、鉴定室、实验室、研究室、摄影室、编目室、资料室、阅览室等。美术馆、艺术博物馆还设有一定数量的工作室。

（3）陈列展出部分

根据陈列的内容，陈列展出部分包括基本陈列室、专题陈列室、临时陈列室，以适应社会的不同要求。大型博览建筑设有室外展场以展出大型机械和陈列古代兵器，农业展览馆有时须设室外培植场。

（4）修复加工部分

修复加工部分包括各种技术用房、模型室、标本室、加工房、修复工场、文物复制室、展品加工室等。作为展览馆，其修复加工部分一般设置得面积较小，多利用陈列室临时制作加工。

（5）群众服务部分

群众服务部分包括集会厅、报告厅、放映厅、教室、咨询室、资料室、培训部以及纪念品销售部、小卖部、茶室、小吃部、文化服务设施、休息室等，有时为了扩大业务范围，附设有文娱、游乐和商业部分。

（6）行政管理部分

行政管理部分包括行政办公、会议、接待、信息中心、对外交流及库房等场所。

根据博览建筑六大组成部分相互之间的关系，可利用因式进行原则性的排列，这对于把握主要空间的关系十分清晰。这六大组成部分，按建筑的不同性质和规模各有不同的侧重。

**2. 博览建筑的规模与分类**

各地博览建筑有不同的名称和不同的组成内容，有世界级的，有国家级的，也有地方性的，有的利用古建筑，如北京故宫博物院、法国卢浮宫。

（1）大型博览建筑

属于国家和省、自治区、直辖市的博览建筑，建筑规模在 10 000 ～ 50 000 平方米，如上海博物馆、全国农业展览馆。

（2）中型博览建筑

属于各系统的省、厅、局直属的博览建筑和专业性的各类博览建筑，建筑规模在 5000 ～ 10 000 平方米，如西安半坡博物馆、北京鲁迅博物馆。

（3）小型博览建筑

一般属于市、地、县的博览建筑，建筑规模在 1000 ～ 5000 平方米，如雷锋纪念馆。

**3. 博览建筑各部分组成面积分配**

陈列展出部分是博览建筑的主体，其建筑面积占总建筑面积的 50% ～ 80%，其中博物馆偏低，展览馆偏高。至于藏品储存建筑面积，展览馆偏低，博物馆偏高，博物馆的藏品储存面积为陈列展出面积的 1/4 ~ 1/3。



### （二）博览建筑的功能分区与流线组织

#### 1. 博览建筑总体功能分区

博览建筑的藏品储存、陈列展出、科学研究、修复加工、群众服务、行政管理六大部分应具有明确的分区，视博览建筑的性质，则各有侧重。一般陈列展出部分和群众服务部分为主要部分，是博览建筑的主体，因考虑观众流线要尽量短，容易接近，这两部分应临近基地的主要广场和道路。

藏品储存要有明确的运输路线，有单独出入口，不应与观众流线相交叉，以免受干扰。必要时，可与修复加工运输材料线路结合考虑。此时应注意其与陈列展出部分联系的方便。朝向以北向为宜（自然保存为北向，若有空调，则可随意），或位于地下室。一般藏品储存在主体建筑地下室、底层、上层或与陈列展出同层。个别博物馆的储藏要求不同，或面积较大，可设独立的藏品库。

科学研究与行政管理部分工作人员进出流线，一般是围绕陈列展出与展品运输而运行的，特别是科学研究部分，应有单独的进出口，使之与陈列、运输流线有明确的划分。

#### 2. 流线组织

博览建筑的流线十分重要，它涉及博览建筑对外的联系、广场的位置、人流的聚集与分流，这些都与博览建筑内部功能组织相关联。

（1）总平面流线组织原则

①博览建筑应有一个鲜明突出的进出口，以便接纳大量的人流、车流。

②具有较为宽大的入口广场，一方面便于进出人流的车辆回转，另一方面也有助于大量人流的集散，以便与各个陈列室有直接的联系。

③门前广场应与停车场密切相连，忌以广场代替停车场，影响建筑的观瞻。

④博览建筑的主次入口以及不同的陈列展区应有明显的标志，以利于人流的导向。其标志的设置，可以为大门、雕塑或标志物，视建筑具体情况而定。

（2）总平面流线组织

总平面中流线主要有三条，即观众流线、展品流线和工作人员流线，三者应有明确区分，避免相互交叉和干扰，并力求安排紧凑合理，不得有不必要的迂回。

①观众流线

一般是以广场作为接纳人流的基点，然后分散进入各陈列室参观。另外，也可由广场进入门厅或序厅，然后再进入各个陈列部分。这时也可以借助楼梯和自动扶梯进入不同的展区。当建筑呈水平方向拓展时，广场可以直接进入一个宽大的廊道，使人流分散再进入不同的展区。进入门厅后，人流的行进一般是呈线形自左向右行进，也可以采用穿过式的廊道联系不同的展室。

②展品流线

展品路线关系到展品的运输，以免与观众流线交叉，应有单独入口。若限于由广场进出，其运输流线宜在观众流线的外围。

一般博览建筑多在建筑的侧面、后面增设入口，为展品的进出和加工制作的材料运输服务。同时，考虑到运输展品车辆的停放，应设置足够的停车面积。储存库的入口应设置装卸平台、卸包空间，有时要设提升机，使之直达需要的层面。入口内外地面可设坡道。

③工作人员流线

关于工作人员与研究部人员的出入口，因为该部分的层高较低，空间小，不宜与陈列展出空间并列，需要单独处理，如美国国家美术馆东馆，其陈列展出部分为五层，而研究部及行政部办公室为七层，二者分别设出入口。

## （三）博览建筑的平面组合

### 1. 平面组合基本原则

（1）平面组合的核心问题是处理好流线、视线、光线的问题。

（2）观众流线要求有连续性、顺序性、不重复、不交叉、不逆向、不堵塞、不漏看。

（3）观众流线要简洁通畅，人流分配要考虑聚集空间的面积大小，并有导向性。

（4）内部陈列空间应根据不同博览建筑的要求，决定恰当的空间尺度。

（5）观众流线在考虑顺序性的同时，还应有一定的灵活性，以满足观众不同的要求。

（6）观众流线、展品流线、工作人员流线三者应力求清晰，互不干扰。观众流线不宜过长，在适当地段应分别设观众休息室和对外出入口。

（7）室内陈列与外部环境有良好的结合。

（8）建筑布局紧凑，分区明确，一般博览建筑的陈列室应视为主体，位于最佳方位。

2. **平面组合流线分析**

（1）串联式平面组合

各陈列室首尾相接，顺序性强，无论是单线、双线或复线陈列，观众都由陈列室一端进入，另一端为出口，连续参观。

参观路线连续、紧凑，人流交叉少，不易造成流线的紊乱、重复和漏看现象。根据这种流线组织的平面较紧凑，但参观路线不够灵活，不能进行有选择的参观，不利于单独开放。由于人们的兴趣不同，人流在中间会出现拥挤现象。博览建筑的朝向选择有一定局限，但可成片组织。

（2）并联式平面组合

考虑到参观的连续性和选择性，在各陈列室前要以走道、过厅或廊子将陈列室联系起来。陈列室具有相对的独立性，便于各陈列室单独开放或临时修整。

并联式平面组合能将观众休息室结合起来加以组织，陈列室大小可以灵活。全馆参观流线可以分为若干单元，亦可闭合连贯。

（3）大厅式平面组合

陈列馆的整个陈列是利用一个大厅进行组织。大厅内可以根据展品的特点进行不同的分隔，灵活布置。观众参观可根据自己的需要，有自由选择的可能性。

由于大厅式平面组合交通线路短，建筑布局要紧凑。如大厅过大时，各分隔部分应设有单独疏散口或休息室。大厅的采光、通风、隔音要采取相应的措施。一般适用于工业展览和博览会。

（4）放射式平面组合

各陈列室通过中央大厅或中厅联系，形成一个整体。所有人都会集于中央大厅进行分配、交换、休息。

参观路线一般为双线陈列，中央大厅有一个总的出入口，在陈列室的尽端设置疏散口。此种平面组合形式的优点是观众可以根据需要，有选择地进行参观，各陈列室可以单独开放。陈列室的方位易于选择，采光、通风容易解决。

如展览馆的参观路线过长时，可以采用此种布局方式，但因参观路线不连贯，参观者容易漏看。

（5）并列式平面组合

并列式平面组合的人流组织是单向进行的，出入口分开设置，以免人流逆行。在人流线路上安排不同的陈列室，其体量、形状可根据需要进行变换。参观者可以自由选择展厅进行参观，有一定的灵活性。此种方式适用于交易会和博览会等。

（6）螺旋式平面组合

螺旋式平面组合的人流线路系按立体交叉进行组织。其优点是人流线路具有强烈的顺序性，根据人流线路可从平面、自下而上或自下而上引导观众参观。它具有节约用地、布置紧凑的特点。

## 三、餐饮建筑的空间组合与设计

### （一）餐饮建筑的组成

餐饮建筑的组成可简单分为“前台”及“后台”两部分，前台是直接面向顾客、供顾客直接使用的空间：门厅、餐厅、雅座、洗手间、小卖部等，而后台由加工部分与办公、生活用房组成，其中加工部分又分为主食加工与副食加工两条流线。“前台”与“后台”的关键衔接点是备餐间和付货部，这是将后台加工好的主副食递往前台的交接点。

餐饮建筑可分为餐馆和饮食店。饮食店的组成与餐馆类似，但是由于饮食店的经营内容不同，“后台”的加工部分会有较大差别，如以经营粥品、面条、汤包等热食为主的，加工部分类似于餐馆，而咖啡厅、酒吧则侧重于饮料调配与煮制、冷食制作等，原料大多为外购成品。

### （二）餐饮空间设计的原则与方法

在人们进行餐饮活动的整个过程中，室内是客人停留时间最长、对其感官影响最大的场所。餐饮建筑能否上档次、有品位，能否给客人以良好的心理感受，主要在于空间设计的成败。因此，空间设计是餐饮建筑设计的重点所在。

空间设计是一个三维概念，它将餐饮建筑的平面设计与剖面设计紧密结合，同步进行。餐饮空间的划分与组成是餐饮建筑平面及剖面设计之本，离开空间设计而孤立进行平面或剖面设计，将使设计缺乏整体连贯性，无法达到大中有小、小中见大、互为因借、层次丰富的餐饮空间效果。

1. **餐饮空间设计的原则**

（1）餐饮空间应该是多种空间形态的组合

可以想象，在一个未经任何处理、只有均匀布置餐桌的大厅，即单一空间（如食堂）里就餐，是非常单调乏味的。如果将这个单一空间重新组织，用一些实体围合或分隔，将其划分为若干个形态各异、相互流通、互为因借的空间，将会有趣得多。可见，人们厌倦空间形态的单一表现，喜欢空间形态的多样组合，希望获得多彩的空间。因此，餐饮建筑内部空间设计的第一步是设计或划分出多种形态的餐饮空间，并加以巧妙组合，使其大中有小、小中见大、层次丰富、相互交融，使人置身其中感到有趣和舒适。

（2）空间设计必须满足使用要求

建筑设计必须具有实用性，因此，所划分的餐饮空间的大小、形式及空间之间如何组合，必须从实用出发，也就是必须注重空间设计的合理性，方能满足餐饮活动的需求。尤其要注意满足各类桌椅的布置和各种通道的尺寸以及送餐流程的便捷合理。

（3）空间设计必须满足工程技术要求

材料和结构是围合、分隔空间的必要的物质技术手段，空间设计必须符合这两者的特性，而声、光、热及空调等技术，又是为空间营造某种氛围和创造舒适的物理环境的手段。因此，在空间设计中，必须为上述各工种留出必要的空间并满足其技术要求。

虽然人们喜欢的餐饮空间是多种空间形态的组合，但这种空间又是由各式单一空间组合而来。因此，有必要先从单一空间开始，研究其构成规律，在此基础上再研究如何将它们组合成多种形态的空间。

研究单一空间时，我们采用对“空间限定”的理论和分解方法，结合餐饮空间设计来具体讨论其构成规律，即如何用实体来限定各种餐饮空间。

### 2. 厨房设计的方法

厨房是餐馆的生产加工部分，功能性强，必须从使用出发，合理布局，主要应注意以下几点：①合理布置生产流线，要求主食、副食两个加工流线明确分开，初加工—热加工—备餐的流线要快捷通畅，避免迂回倒流，这是厨房平面布局的主流线，其余部分都从属于这一流线而布置。②原材料供应路线接近主食、副食初加工间，远离成品并应有方便的进货入口。③洁污分流是对原料与成品、生食与熟食要分隔加工和存放。冷荤食品应单独设置带有前室的拼配间，前室中应设洗手盆。垂直运输生食和熟食的食梯应分别设置，不得合用。加工中产生的废弃物要便于清理运走。④工作人员须先更衣再进入各加工间，所以更衣室、洗手间、浴厕间等应在厨房工作人员入口附近设置。厨师、服务员的出入口应与客用入口分开，并设在客人见不到的位置。服务员不应直接进入加工间取食物，应通过备餐间传递食物。

至于饮食店（冷热饮店、快餐店、风味小吃、酒吧、咖啡厅、茶馆等）的加工部分一般称为饮食制作间，而其中的快餐店、风味小吃等的制作间实质与餐馆厨房相近，而咖啡厅、酒吧、茶馆等的饮食制作间的组成比餐馆简单，食品及饮料大多不必全部自行加工，可根据饮食店的规模、经营内容及要求，因地制宜地设计。

### 3. 厨房布局形式

（1）封闭式

在餐厅与厨房之间设置备餐间、餐具室等，备餐间和餐具室将厨房与餐厅分隔，对客人来说，厨房整个加工过程呈封闭状态，从客席看不到厨房，客席的氛围不受厨房影响，显得整洁和高档，这是西餐厨房及大部分中餐厨房用得最多的形式。

（2）半封闭式

有的餐饮建筑从经营角度出发，有意识地主动露出厨房的某一部分，使客人能看到有特色的烹调和加工技艺，活跃气氛，其余部分仍呈封闭状态。露出部分应格外注意整洁、卫生，否则会降低品位和档次。在室内美食广场和美食街上的摊位，也常采用半封闭式厨房，将已经接近成品的最后一道加热工序露明，让客人目睹为其现制现烹，增加情趣。

（3）开放式

有些小吃店，如南方的面馆、馄饨店、粥品店等，直接把烹制过程显露在顾客面前，现制现吃，气氛亲切。

## （三）餐饮空间的组合设计

一般来说，如果餐饮空间仅仅是一个单一空间，将是索然无味的，它应该是多个空间的组合，创造层次丰富的空间，才能吸引客人。在餐饮空间设计中，比较常见的空间组合形式是集中式、组团式及线式，或是它们的综合与变形。下面结合实例来阐述以上三种常见的空间组合形式。

### 1. 集中式空间组合

这是一种稳定的向心式的餐饮空间组合方式，它由一定数量的次要空间围绕一个大的占主导地位的中心空间构成。这个中心空间一般为规则形式，如圆形、方形、三角形、正多边形等，而且其大小要大到足以将次要空间集结在其周围。

次要空间的形式或尺寸，也可互不相同，以适应各自的功能。相对重要性或周围环境等方面的要求、次要空间中的差异，使集中式组合可根据场地的不同条件调整它的形式。

至于周围的次要空间，在餐饮建筑中，一般都将其做成不同的形式，大小各异，使空间多样化。其功能也可不同，有的次要空间可为酒吧，有的可为餐厅。这样一来，设计者可根据场地形状、环境需要及次要空间各自的功能特点，在中心空间周围灵活地组合若干个次要空间，建筑形式空间效果比较活泼而有变化。

入口的设置，由于集中式组合本身没有方向性，一般根据地段及环境需要，选择其中一个方向的次要空间作为入口。这时，该次要空间应明确表达其入口功能，以区别于其他次要空间。集中式组合的交通流线可为辐射形、环形或螺旋形，且流线都在中心空间内终止。

在餐饮建筑设计中，集中式组合是一种较常运用的空间组合形式。一般将中心空间做成主题空间，作为构思的重点。这样，整个餐馆或饮食店从饮食文化的角度看，主题明确，个性突出，气氛易于形成。

### 2. 组团式空间组合

这是一种将若干空间通过紧密连接使它们之间互相联系，或以某空间轴线使几个空间建立紧密联系的空间组合形式。

在餐饮空间设计中组团式组合也是较常用的空间组合形式。有时以入口或门厅为中心来组合各餐饮空间，这时入口和门厅成了联系若干餐饮空间的交通枢纽，而餐饮空间之间既可以是互相流通的，又可以是相对独立的。

比较多见的是几个餐饮空间彼此紧密连接成组团式组合，分隔空间的实体大多通透性好，使各空间之间彼此流通，建立联系。组团式组合可以将建筑物的入口作为一个点，或者沿着穿过它的一条通道来组合其空间。这些空间还可以组团式地布置在一个划定的范围内或者空间体积的周围。

由于组团式组合图形中没有固定的重要位置，因此必须通过图形中的尺寸、形式，或者朝向，才能显示出某个空间所具有的特别意义。就餐空间组合起来也可以沿着一条穿过组团的通道来组合几个餐饮空间，通道可以是直线形、折线形、环形等。通道既可用垂直实体来明确限定，也可只用地面或顶面的图案、材质变化或灯光来象征性地限定，如果是后者，则所组合的各空间彼此流通感强。

另外，也可以将若干小的餐饮空间布置在一个大的餐饮空间周围。这时，组团式组合有点类似于集中式空间组合，但不如后者紧凑和有规则，平面组合比较自由灵活。

一般来说，在组团式组合中，并无固定某个方位更重要。因此，如果要强调某个空间，必须将这个空间加以特别处理，如比其余空间大、形状特殊等，方能从组团空间中显示其重要性。

**3. 线式空间组合**

线式空间组合实质上是一个空间序列，它可以将参与组合的空间直接逐个串联，也可以同时通过一个线式空间建立联系。线式组合易于适应场地及地形条件，“线”既可以是直线、折线，也可以是弧线；可以是水平的，也可以沿地形高低变化。当序列中的某个空间需要强调其重要性时，该空间的尺寸及形式要加以变化，也可以通过所处的位置强调某个空间，这时往往将一个主导空间置于线式组合的终点。

餐饮建筑常见的三种空间组合形式是集中式、组团式及线式，在方案设计阶段，设计者究竟要采用哪种空间组合形式，也就是要组织什么样的空间序列，是至关重要的，应该首先要解决好。这几种空间组合形式各有特点及适应条件，设计者要根据构思所需、使用要求、场地形状等多种因素综合考虑，在理性分析的基础上进行空间组合设计，有时候可以是上述组合形式的综合运用。

当采用集中式空间组合时，由于中间有一个主导空间，位置突出，主题鲜明，成为整个设计的中心。同时，四周有较小的次要空间衬托，主导空间足够突出，成为控制全局的高潮。这种空间组合方式由于是以一定数量的次要空间环绕主导空间向心布置的格局，主导空间一般又是规则的几何形，因此，场地一般要求偏方形，若是狭长地段，往往不易形成向心的效果。

组团式空间组合平面布局灵活，空间组合自由活泼，所组合的各个空间可以有主有次，也可以主次划分，在重要性上大致均衡。其形状大小及功能可以各异，可以随场地、地形变化而进行空间组合。

线式空间组合的特征是空间序列长、有方向性、序列感强。人在连续行进中从一个空间到另一空间，逐一领略空间的变化，从而形成整体印象。在这里，时间因素对空间序列的影响尤为突出。在餐饮建筑中，这种空间组合形式大多用于狭长的地段。

由于餐饮建筑是供人们休闲与社交的公共场所，随着生活质量的提高，对餐饮环境的欣赏品位亦在提高，餐饮空间形态应该多样化，层次丰富。设计时要灵活运用上述几种空间组合形式，巧妙组织各种不同餐饮空间，创造出有特色、饶有情趣的餐饮环境。

# 第七章　城市景观设计中蕴含的生态审视

## 第一节　生态理念与城市景观设计

### 一、城市景观设计中的生态理念

#### （一）城市景观生态理念的产生及背景

城市是一种聚集型的生态系统，在城市中集聚着很多人。城市化在现代社会的发展中是不可避免的，严格来说，城市是经济、交通的关键。城市在人类历史上出现是合乎发展规律的，只是我们在城市生态建设中的不合理行为破坏了大自然原本的生态系统。城市自身的生态模式是由周围的其他生态模式所扶持建筑的，因此它们是一个大的生态圈。而这种生态圈目前处于生态破坏的状态。这种生态圈的构成不是自然形成的，而是人类通过改造自然得到的。它属于社会实体、经济实体、自然实体之间的统一。因此，对于城市生态的研究要植根于研究生态系统。城市生态并不仅是大自然与城市之间的问题，其中还有人类自身的问题。生态城市并不是完全放弃经济发展，也不是让人类成为自然的附庸。因此，对其应该做深入的研究，最终得出互相依存的模式。景观设计对于城市的生态建设有很大的好处，就城市景观的主要功能来说，它具备其他建筑物所不具有的生态功能，不仅能够成为城市的标签，还能够为弥合城市生态系统做出贡献。景观不仅是由所有建筑物所构成的，城市中原本的自然景观也是城市景观设计的一部分，并不能随意地将二者割裂开来，而如果将二者分割开来，那么城市景观就显得过于孤立了。通过一些研究发现，城市景观不仅是一个景物，而是与景观所在地方的城市连接在一起，因此它是生态系统的一部分，并且在其身上还有一定的地理特征。景观具有生态的价值、经济的价值与美学的价值。这一概念和城市的景观更加适合。

城市的景观生态学为景观生态学内的重要研究领域之一，它对景观生态学具备的方法和原理加以应用,对城市这一以人作为主体的特殊存在所表现出来的各种特性做具体分析，最终目的是要让城市生态系统能够自给自足，与大自然和谐发展。它不但对城市的各类要素进行分析研究，还对城市特有的生态构成与城市景观中各个要素间存在的相互联系做出研究。现存的景观规划主要停留在规划形体这一层次之上，还没有形成系统的城市景观。在以前建设城市的过程中，通常较多地考虑单个的建筑物本身景观的视觉效果，而对大范围的环境城市景观产生的生态作用忽视了；建设公共的绿地缺少控制与管理，相对而言缺少自然的生态景观；港口航道的存在，对城市景观产生了严重破坏，住宅与工业相互间产生了一定的影响。

建设与发展城市的过程涉及很多的学科与部门，比如城市的建筑、城市的规划、历史文物的开发等，城市的景观生态学就是对上述学科的集成，是将很多学科中遇到的问题杂糅到一起。由于城市中很多现实的生态问题无法利用单一学科的力量解决，因此可以说城市景观就是唯一的解决办法。虽然它并没有出现很长的时间，却被世人广泛地注意了，能够预见，在未来它具有十分强大的生命力。

### （二）城市景观设计中生态理念的基本内容

城市的景观结构是一个动态的系统，它处在持续的变化与发展之中，它产生的变化是由结构内不同因素改变引发的。在某一些因素产生改变时，它就会借助一些相互规律与作用影响到结构内其他的一些因素。城市生态系统和自然生态系统有很大的区别，不过在发展阶段上也有着大自然生态系统的特性，在发展中也存在激变时期与平稳时期，即指的是城市的景观结构也实现了一个动态的平衡。将平衡打破的动力是城市的景观结构内主导因素产生的变化。主导因素并非恒定的，它随着具体条件变化而变化。城市景观产生的变化是由城市的景观结构内全部的因素改变产生的合力推动的，这一合力作用得到的结构并不是一定与主导因素产生的变化趋势相同，有的时候还会出现相反的情况，所以只有对引起城市的景观变化主导的因素做出正确判断，全方面把握城市景观具备的结构，才可以真正准确地将城市的景观结构内各个因素及主导的因素之间产生的互动作用预测出来，进而正确地对城市的景观发展合力的方向做出预测。只有对具体城市的景观结构加以掌握，充分地认识城市景观发展的合理与主导的因素以后，我们才可以真正地将和城市未来的发展利益最吻合的设计规划制订出来，才可以保障城市的景观朝着合理而健康的方向不断地发展下去。

在设计景观的过程中，假如忽视分析研究具体城市景观具备的机构，容易按照自身意愿对城市景观发展的方向与主导因素做出设定。这种与城市景观客观的发展规律不吻合的设计规划方案，不是被丢弃在一边白白地浪费设计人员精力与时间，就是于实践的过程中处处遇到困难，导致城市的景观结构变得畸形，比如于城市化妆这一运动上，在建设的过程中不根据实际设计的欧陆风，就曾经妨碍了城市的健康发展，在全面地利用与保护城市自然景观方面，造成了无法弥补的损失。

城市属于一个连续发展的过程，时间与空间这两个维度对城市景观环境的变化有着一定的作用。从空间的角度上来说，居住在城市中的人需要得到景观设计所提供的物质元素。而从时间的层面上来看，人类的存在以及人类创造的一切事务都是有着时间性的，不是孤立存在的。因此，将能够影响城市景观的因素分成三个大类型，分别是：人力、自然与社会。自然很好理解，就是城市周边的自然环境，这是城市景观的基础，城市景观的设计都是植根于这个基础上，对此有所装饰和改变即可。这就要求在城市景观的规划过程中，需要加入一些美学标准，而这些美学标准对城市景观设计具有重要的意义。从这个角度上来说，地形、气候、植被、水体等共同构成了城市的景观自然因素。

城市景观具备的基本特点为：复合性、历史性、地方性。复合性指的是城市中不单有自然的景观，并且还有人工的景观，不仅有静态景观还具备动态景观，城市的景观表现出观察者于空间移动过程中呈现出的连续的一幅画面。整体的城市景观通过一个个局部的景观重叠得到。历史性指的是城市为历史积淀，每一个城市都具备自身产生与发展的过程，它历经一代代人的建设和改造，不一样的时代具备不一样的风貌。城市景观始终是过程，而不具备最后的结果。城市景观伴随城市发展不断地变化。地方性指的是每一个城市都有着它自身特定自然地理的环境，也各自都具备不一样的文化与历史的背景，与在长时间的实践过程上构成的特殊建筑风格和形式，再加之当地的居民具有的素质和从事各种的活动共同形成了独特的城市景观。

## 二、城市景观生态系统的构成及特征

### （一）城市景观生态系统的构成

根据景观的生态学具备的原理，城市的景观能够被分成廊道、斑块、基质等几种不一样的景观元素。在城市中，会有很多独有的廊道等，这些建筑物本身也有一些关联，并且能够根据各种要素将其进行规划，最终划成不同的区域。例如生活区、工业区等。

城市景观具备的生态特征有：城市景观与自然景观不同，其主体是居民，并且城市景观中总会有人工的痕迹，这点在自然景观中并不存在：城市景观易变形并且层次感很强，这点也与自然景观有所区别。

### （二）城市景观生态系统的特征

城市的景观是以人为本的生态单元，这也是城市的景观与自然景观最大的区别。城市是人类文明的产物，目前世界上存在很多超大型城市，这些城市占地面积很广，并且居住的人口也很多，因此，对自然生态系统有非常大的改变。而不同地区的城市其生态特征也有所不同。一般城市中的生态系统都是对该地区历史文化的特征与社会经济的发展情况的反映。城市的内部、城市和外部的系统间对能量之间的互换，全都是经过人类的行为进行转递的。城市景观在一定程度上是易于改变的。我们总用日新月异来形容城市的变化，确实城市变化受很多因素影响，因此变化速度很快，而且变化方向很多，由此导致的城市景观的改变速度也十分快。在很多新型规划的城市中，老城区的范围很小，因此对其进行生态改造是极为容易的。而新规划的城市一般都会将生态因素考虑进去，这对生态城市的建设有很大好处。城市景观就是受这种影响才具有不稳定的特征，城市的审美具有变化，就很容易导致城市景观发生变化。而且现代城市的发展方向是多个城市的连接，因此，相邻的城市有时候也会互相影响导致城市景观发生变化。而从生态系统的角度来分析，城市生态系统是依托其他生态系统而存在的，这也是导致城市的景观具备不稳定性的重要因素之一。

#### 1. 城市的景观具备破碎性

对于城市来说，道路是不可缺少的，并且现在的道路越发繁杂。而在景观中的道路会将整个景观分割开来，这样在观赏者看来，景观并不是一体的，而是分割开来的。这样的建造方法是没办法避免的，这也是城市景观与其他景观最大的不同之处。因此，在城市景观建造中，应该增加层次感，让观者减少观赏的突兀感。很多的区域都是按照不同功用性分开的，这些区域从城市景观的层面上也能被视为斑块。

2. 城市景观有着层次感

城市属于相对集中的区域并受人为因素影响。对于单核心这一类型的城市来说，从市中心到城市的边缘地区，人类活动强度呈现递减的趋势，方式也随之产生变化，体现在人口的功能与密集的程度等一些方面，这些呈现出梯度性的递变形式。通常市中心建有大型的购物中心，司法、文教、行政部门等也处于这一区域中，朝外过渡是轻工业区、站台、各类院校等，再往外，就是重工业区、居民区、大型公园等布局于此，受不同的自然条件和城市历史的影响，这类梯度性通常都有着不同的表现。

3. 城市景观具备异质性

对于景观而言，异质性是其本质属性。所有的景观都是具备异质性的，城市景观也是如此。从城市景观所具备的生态特点能够发现，所有的这些异质单元所构成的总体就是城市。城市中的异质性是经由人力产生的。就像在城市中的道路、巷弄、绿化区域、桥梁等都是通过人力的方式而建造的。另外，自然生态系统中也会让城市景观产生异质性，例如河流等。

城市景观中的异质性在空间上来说主要体现在地面上。比如城市中的很多建筑、绿化区域、巷弄、河流都存在不同的特性、不同的功能。对于城市的绿地系统来说，公园的绿地大部分是人工栽培得到的，属于人工开挖的，它包含在城市“自然”的成分内，能够吸收更多的废气，并且产生更多的氧气。它不仅能够让人观赏，还能够对城市空气进行滤净。即便是属于斑块的绿地，因为存在不同种类的职务，已构成具备不同面貌的绿地异质性。道路主要的作用为通道，它将整个城市景观贯穿，构成很多个大大小小的斑块，进而提升城市景观的异质性与层次感。将城市景观中的某一个要素提取出来研究，其本身也有异质性。例如在城市公园里有着很多不同的建筑物和植被，这些要素的功能都各不相同，而正是这一切的综合体才能够组成公园。在公园中车行道、隔离带、行道树等也各自具备不一样的功能，使得道路廊道异质性构成。

城市景观与其他景观最大的不同之处还体现在它具有垂直的异质性。垂直的异质性在一方面的表现是建筑物具备不同的高度，进而导致在垂直的方向上产生参差不齐的现象；另一方面表现在空气构成上，城市的景观内人多车多，这导致地面空气内包含很多的有害气体与颗粒物，在高空中这些物质的含量较少。城市中的植被生长情况也并不相同，就像太阳照射到大厦的两面，再通过反射照射到植物上，造成两面的植物生长状况不同。

## 三、城市景观设计中的生态系统的基本功能

城市景观生态系统中所具有的服务功能是在对城市景观生态进行研究的过程中非常重要的内容之一。城市的水生态、土生态、生物、成效农业、能源的生产与消费、人居环境等这些产品生态服务的功能都属于城市景观生态系统的服务功能。

生态系统的交互是通过输入与排出来进行的。自然的生态系统是吞吐二氧化碳产生氧气的工程。在城市中建立自然生态系统是极为困难的，要想在城市建设中保持自然生态，需要将人类自身融入自然之中，改变生活观念。这样才能够让自然生态系统发挥能力，维护整体大气化学中成分的稳定和平衡，以及因为多样化丰富生物而构成的自然景观，丰富它所具备的文化、美学、教育、科学之价值。这就是城市生态系统具备的服务功能。正因为这一功能的存在，才能够保证城市景观生态环境的条件可以得到维持与稳固。从农业生产这一角度作为出发点，可以将农业景观分为消费、生产、保护三种，进一步地将生产型、保护型、消费型、调节型这四种类型的生态系统提出。农业景观必须有一定的产能，而且这种生产机能是通过自我的调节和平衡调节环境获得的，这一调节产生的作用就是景观生态系统所具备的保护性的功能。城市是人类聚集的场所，也是集中消费各种生物产品的场所。这需要其他的景观生态系统将良好生态环境提供出来，将消费生物的生产与保护性的功能过程表现出来，这就是景观生态系统具备的消费性的功能。需要同时存在这几类景观生态系统功能，才能够被称为调和型的生态系统。人工管理下的有着经济开发意义的草地与林地系统、农田的生态系统，这些都是具备生产性功能类型的景观生态系统。草地、自然的林地以及一些非人力的景观，全都属于具有特点的保护型的生态方式。而一些城市建筑、矿场等这些人类靠人工建造的建筑，都从属于消耗性质的景观生态系统。

如果按照人类社会中所具备的功能要求进行分类，城市中的景观生态系统能够被分为工业和城镇居住景观、自然保护的景观和自然的景观、农业的景观这三种类别。它们具有的功能特征分别体现在：文化支持的功能、环境服务的功能、生物生产的功能。尽管拥有从农业方面获得的纤维、食物、木材的供应等，但也无法缺少自然的生态环境内所提供的水、干净的空气、矿物质元素等的供应。

## 第二节　生态理念在城市自然景观设计中的应用

### 一、城市水景观设计中的生态系统

在工业化痕迹越来越重的城市中，道路、桥梁以及其他建筑类型不断增多，柏油马路的面积不断扩大，致使城市地貌情况发生了巨大的变动；众多的人口，使得在生活与生产的过程中，水的需求量上升，导致地下水补给降低。与此同时，因为排放的污水量增加，使得水体被污染。因此能够看出城市在水的生态系统上自我维持与自我调节极为困难。只有通过人力的控制，才能够让水资源的攫取与使用都更加平衡。

如果设计者把景观生态理解为是分析任何的人对户外的土地及空间的使用问题，并将解决的方法和原理提出，实施解决方法的过程，作为景观的设计师，他们所肩负的职责就是为人类提供帮助，让社区、建筑物、城市、人类以及他们所处的环境可以和谐地相处。从根本性上来说，城市景观是针对建筑以外的土地进行的规划，而对于城市景观进行勾画时，要注意保护自然生态。它的深层意义是，景观设计的主要服务对象是人类，而设计本身也要考虑自然生态的保护程度，因此在设计中应该借用自然生态进行最小设计。

在我国经济发展的过程中，工业化程度越来越高。在以前的发展过程中，只注重工业发展而忽视了很多自然生态，造成了城市水力资源的极大浪费。同时，我国大多数城市都处在缺水的情况下，生态的系统在逐渐地退化，随之被不断削弱的还有生态的功能。主要由下面几方面体现出来。

#### （一）城市缺乏水资源，有供水不足的现象

城市每天的工业进程需要非常庞大的水，这不可避免地会导致水力供应不足；无法对污水的排出进行监管，这样也就没办法确认生活用水的安全；有些地方水资源分布比较单

一，而城市建设中的水力净化设施还不够完善，造成工程性的缺水。例如天津市，天津市位于华北地区，属于缺水型城市。天津的降水量每况愈下，而城市的规模还在不断增加，从而导致天津市的缺水问题更加突出。天津的海河经历了好几次的断流，而在其周边，并没有能够实际使用的水源，天津的地下水资源也有所减少。而这一切都影响了天津的航运，对建设和发展该城市的河湖景观生态产生直接的影响：河湖受到污染。因为排水的机制是污水与雨水的河流制，于城区内主要的道路下对合流的管道加以铺设，城区的内部不存在处理污水的工厂，所有的污染物质都随着雨水向周边的河流排出，当在雨季时，这种情况就体现得更为明显，产生了很大的污染。

### （二）水环境存在污染严重的情况

根据全国统计获得的水环境的质量公报显示，在我国有超过 80% 的河流水体的质量都比 IV 类的水质标准差，河道水存在普遍的水体发黑发臭的情况，没有控制好工业的污水与生活的废水，普遍存在随便倾倒垃圾废物的情况，对水体水质产生严重的影响。在整个城市系统内，水域起着提供休息娱乐的场所与提升城市的视觉空间这一作用。水量的充足和水生环境的完善良好，不但能够让民众享受到自然的生活方式和安全的生活环境，同样也是城市是否适宜人类居住的重要标准。

河流是城市中非常重要的自然景观，不过目前在大多数城市中自然形成的河流已经干涸，没有干涸的也受到了很大的污染。河流已经不能作为城市居民生活用水的水源。在河流的岸堤上，都是人工建成的绿化隔离带，这种隔离带并不能够起到保养水源的作用，反而需要在维护绿化用水上花费很多的费用。将草皮作为主要植被，缺少将乔木当作主要植被的层级结构。这一草、灌、乔的结构在分层上能够将其分为地表层与地表以下。在地表以下，不同的植物的根茎有着深浅的分层，可以将强大含水固土的作用发挥出来。于地上，不一样的植物能够根据高度来分层，产生美化环境、调节气候的作用。具备完整层级结构的植被，能够将一定数量的产品持续地提供给我们。另外，其还具有自我调控的机能，这种机能能够保证其可以与外界的破坏形成对抗。而草坪是目前城市中最重要的绿化设施之一，草坪的根茎很浅，这就使得它无法对地表深处的土壤环境进行改善，同时它调节生态的能力也很微弱。建造草坪的害处远远大于其益处。建造草坪不仅使得水力有所损耗，而且会耗费土地的肥力，并且毁坏土质。现在很多城市都建造了人工河，而建造过程中并没有将生态效应考虑在内。人工河的河水在不断蒸发，而两旁的植被并不能够阻止其蒸发过程，因此通过人工河而增加城市湿度的想法是不可能实现的。

自然形成的河流与周围的土壤有着密切的关系，土壤和水体间持续地做着能量与物质的交换，构成一个共生的体系。于水流较缓的河流之中，动物、植物以及微生物一起构成水生生态系统上的一个具备层级的群落结构。存在于水体内的生物群落，帮助物质在生态系统中真正地做到转化。这个群落是自然生态系统中最为基本的结构，同时还是帮助生态系统完成自我净化、自我调节功能必要的条件。因此，自然的水体能够被当作一个具备生命力、可以持续发展的有机系统。对水体自我调节及自我净化的功能利用与维护好，实现系统自我运行，不但能够帮助系统更加稳固，还能够帮助减少运行花费的成本。

从自然河流转化而成的人工河流，是一种罔顾生态原理的建筑，这中间的一切都没有丝毫的生态关联，属于城市中的孤岛。自然的生态系统并没有完善到能够支持人工河的正常运转。人工河中也没有完整的生物链，在人工河中生物群落的迁移、输出、转化水体系统内物质的能力十分微弱，无法消化很多污染物质，只能坐视人工河的水质逐渐变得更加恶劣。甚至有些地方的河流已经枯竭，成为污水沟。

地表水是以河道的方式存在于人们的日常生活中，而河道是为了杜绝洪涝。在降雨的过程中，地表的水向河道中汇聚，借助河道被排流出去，这样可以降低洪涝发生的概率。另外通过河道的网状分布还可以将本区域中的水资源向周边辐射，能够满足一大片区域的用水要求。所以，自然形成的河流不但能够实现自我净化，河水交相流动也能够得以持续，保持年年常清、四季长流。

### （三）为降低运行的成本，设计者并没有将人工河设计成完整的生态系统

一般都是将人工河设置成环流型，这样做的好处是不管降水与否，人们都能通过人工补充的方法让河水不至于断流。不过这样做的后果是人工河的维护成本极高，并且没有办法经常更新河水，水质下降的速度很快。人工河当然也不可能对洪涝有所作用，甚至自身都无法调节水质。在有些城市中，人工河和人工湖都是死水，其中并没有完整的生态系统，这样的人工湖无法提供正常河流给人类以帮助；相反，会造成一些生态问题，滋生很多的

蚊虫等。因此应该在这些地方设置正常的自然生态，以保证这些河流能够起到正常的作用。

景观生态学对缀块—廊道—基底的模式做出归纳，这个模式在分析城市的水景观系统过程中也同样适用。在水景观内所说的缀块就是与整体环境并不相同的独有元素，这些元素能够增加景观的层次，并且这些缀块的本身也有一定的观赏价值，例如水库、水池等。廊道则是在河流上面分布的一些不同形状的建筑。基底的意思是河流内有着最广分布、最大连续性的背景结构。于切实的分析中，上述三类水上景观并不会有十分确定的区别方式，它们的作用往往是混杂在一起，没有特别单纯的某一个实际建筑。比如有些缀块同时也是基底的一部分。

在城市中进行景观设计，规划时会将基底、廊道、缀块结合起来设置到景观中。很显然，水能够帮助城市解决气候问题，不过这只限于中小型城市，在大城市中就无法实现。同时城市水上景观的设置能够有效缓解热岛效应。水环境的健康能够将生存的空间提供给城市内的小生物，确保城市中多样性的生物得到延续。于特定的情况之下，比如水在气化的状态下会有许多负离子出现，对空气产生净化的作用。

## 二、城市绿化景观设计中的生态系统

营造城市的绿化景观这一生态系统为将城市存在着的很多现实问题的解决提供新思路。一般理解中的城市绿化是分属于城市中的草地等。在研究城市景观设计里草地也是一个重要的研究对象，应该利用草地设置很多自然生态系统。这样的景观设计虽然在设计规模上很小，但是在保证自然生态的层面却有极为重要的作用。同时在我国北方的很多城市，都对绿地的建设投入了极大的精力。它在景观的生态设计方面，很大程度上改善了城市整体的生态设计。景观的生态学将强而有力的理论指导提供给了城市绿地系统的改造，进而使得城市的绿地系统与景观生态迈入了全新时代，也就是景观生态的规划时代。景观生态对格局和水平过程间存在关系加以强调。

城市的绿地系统主要具备保持城市生态系统的完整、对局部的微环境改善、降低污染等功能，同时城市的绿地系统还能产生景观的人文效应。然而，还是有问题存在于我国城市的绿地建设的过程中。在最近几年的时间内，人们生活的水平不断地提升，随之不断加强的还有城市的生态意识。人们对城市环境的质疑也越来越多，而绿地在城市结构的分布上有很多的作用，却并没有实际实现。不过过去在绿地的布局上存在不合理之处，对外来的物种盲目地引进，使得城市的绿地并没有起到应有的作用。而绿地盲目地分布不仅占据了大量的公用场所，还没有起到其应该起到的实际效用。草地本来能够通过规划成为隔断生产区域与生活区域的屏障，但只是作为面子工程存在。这样的设计使得城市架构之间存在不协调的情况。加之因为涉及的绿地功能和实际的需求不相吻合，虽然有很多的城市绿地，但是都没有产生其应该起到的美化和点缀作用。在城市中大量种植植物并不意味着城市本身就是生态城市。生态城市的建设目的并不是以自然为主，而是要使人类与自然互相依存，没有主次。在城市中设置自然的生态环境对城市设计来说也是极为困难的。虽然城市设计具有很多的困难，也要对其有清醒的认识，最终将自然生态与城市建设融为一体。生态城市的建成能够帮助自然与人达到协同共生的程度，也是城市发展的必然阶段，而打造好的生态城市也将是人类有史以来最好的生存模式。现今城市规模越来越大，国家对城市的发展也越来越重视，对城市的绿化水平都有一定的要求，因此，很多城市种植了大量的绿色植物。虽然表面上看来这样的方式有助于生态城市的建设，但实际上在整个过程中存在很多不足，归纳起来大致可以分为以下几点：

### （一）规划过程并没有合理设计

由于国家规定的绿化要求，对草坪过多地加以铺设，虽然做出很多的努力去改善生活的环境，于城市中很多区域都做了绿化，但只是单纯地添加绿色植物，并没有从生态系统的角度出发进行设置。而在很多区域大面积地进行绿化设置，并没有对人们的生活有所帮助，相反还限制了人们的活动区域。很多绿地中并没有设置让人通行的路径，因此人们只能远远地观看却无法和绿色相融。

### （二）不合理的结构，缺乏立体层次之上的绿化

在 20 世纪 60 年代，美国建造了第一个空中花园。空中花园的诞生证明了一个新的建筑理念产生了。这种屋顶的架构很大程度上改变了原有的屋顶空置的模式，是特别具有创新意义的建筑方式，同时也能对城市小气候做出调节。我国对此有着众多的认可，但能够利用的土地资源却十分稀缺，这一情况在城市中得到了验证，屋顶的绿化能够将城市存在的人多地少这一问题解决，对绿化程度有很大的帮助。而景观设计过程中应该利用所有合

理空间，不仅在地表对乔木、草地等加以栽种；而在建筑物的墙面上可以栽种爬山虎等植物，达到最大限度的空间利用；于阳台上对种植槽进行设计，方便用户对花草加以栽植；对屋顶进行设计时，也可以铺设草坪，对矮小的花灌木加以栽植。能够提升城市自身的净化功能，通过光合作用改变城市空气污染的现状。

全球变暖的问题越来越严重，其主要元凶就是二氧化碳。而城市每天二氧化碳的排放量很大，因此，大力改善绿化状况是目前降低城市二氧化碳含量的有效方法。另外绿地系统还具有有效地吸收和消减氮氧化合物、氟化氢、二氧化硫、汞和铅蒸汽等多种有毒气体排放的功能。据研究显示，绿色的植物不但可以对城市加以美化、对二氧化碳加以吸收、对氧气进行制造，还能够对尘粒进行吸附、对有害的气体进行吸收、对水中与空气中有害的气体加以消灭、对噪声强度进行降低这些功能。城市的绿地系统能够对有害的气体加以吸收。在整个的工业化生产的过程中会有有毒气体产生，比如在冶炼的企业中就会有二氧化硫这一类的气体排出。而这类气体对人类有很大的危害，并且这种危害是长期的。因此，在城市中加强绿化，是有效保障人们身体健康的有效方法。如磷肥厂、窑厂、玻璃厂的生产过程中出现另外的一种含有剧毒的气体——氟化氢，这一类气体对人的身体产生的危害是二氧化硫产生的危害的 20 多倍。所有的草本植物都可以滤除空气中的有害气体，并且其效果十分明显。草本植物还有一个很大的好处是可以有效降噪，宽度达到 40m 的林带就能够降低 10 ~ 15DB 的噪声，成片的城市园林能够降低 20dB 以上的噪声，使噪声接近对人体没有损害的程度。城市绿地设计能够帮助真正实现多层次全方面的城市绿化，让城市坐落于森林中。

## 第三节　生态理念在城市人工景观设计中的应用

### 一、城市道路景观设计中的生态系统

道路在城市中的地位不言而喻，因此，在景观设计中也不能忽略道路的景观设计。而且道路与城市中的很多建筑是一体存在的。因此对其进行景观设计时要将这种层次感考虑进去。在一般道路建设的过程里，会出现一些廊道，这些廊道会对景观的一体化有所影响。

廊道本身具备运输的作用，这一全新构成的景观要素几乎没有生物量存在其中，那么这一系统和周边环境联系起来时，这一系统具备的物理特性就十分容易发生改变，根本谈不上生物学上说的稳定性。简单来说，修建道路工程会减轻景观生态学具备的稳定性功能。对于道路来说，最大的功用在于其通行方便，而这种方便一般会影响景观的构成。首先，道路会造成景观产生碎裂感，这样都对景观的设计有很大的影响；其次，它对本地周边生物的多样性产生影响，铁路、公路一般于空间上存在着连续性，相对而言比较直，因此，在这中间会遇到人力的干涉。因此在这个过程中，设计者会采取一些保护的方式让整个物种变成人为性质的种群。

现在的景观设计中一般将道路修改之后产生的廊道设置为景观的内部结构，这样的设置不但不会影响景观的一体性，还增加景观层次，产生一种另外的美感。通过这种对廊道的设置使得整个景观的观赏性最大限度地放大。通过这种边界性的连接，能够产生空间上的观赏性。道路本身也是一个景观，在道路建成后，会产生与其他景观截然不同的景观模式。某些道路工程内比较宏伟的桥梁，渐渐成为当地奇观。当道路铺设经过一些地方时，就能够互相成为景观。而在修筑道路的过程中，通过对其进行设计建造，能够在最大限度上让其成为一个景观性建筑，当然也应该将景观的效益考虑进去。首先，道路中的桥梁、铁路、公路等是不是可以和周边的景观合适地融合在一起，是不是可以满足美学的规律，是不是可以将赏心悦目的环境形象创造出来，这些都需要做出评价；其次，于道路内，也需要注意道路这一狭小绵长的环境，在道路上高速行驶着的列车、汽车等，车内的人们能看到的景物非常有限，因此要对道路的绿化有所重视。

城市中的道路是不可或缺的，但目前由道路而产生的生态问题也不容忽视。汽车的拥有量持续增加，由各种废气产生的环境问题已经严重影响到了人们的生活。对于由道路产生的污染问题已经是所有污染项目中非常重要的一类，但是对其的具体解决办法还没有出现。而随着城市中道路的加多，这种问题正在日益严重。而这种污染的治理过程也十分困难。汽车交通造成的生态问题包括空气的污染、交通的噪声等，在建设道路的过程中，连带着的排水体制也对生态环境造成了影响。

汽车交通发展造成的生态问题包括：空气的污染、交通噪声的污染。城市的不断发展迫使道路不断增多。而汽车行业的发展也使得汽车越来越普及，而现在汽车在使用能源的过程中会排放很多有害气体。而且这种气体自然生态很难对其进行净化，由此也对大气层产生了很严重的污染，反过来又对城市本身造成污染。空气中大量存在的悬浮粒子则与机动车在行驶过程中将泥土带进城里以及直接排放的有害气体有关。而随着汽车数量的增加，这种污染的程度越来越重。其污染范围很大，并且对人们的生活有非常大的影响。而它的危害方面也不单会引起人类在呼吸系统方面产生病变，还有一点不容忽视的是对动植物产生的影响。最为显著的一个实例就是在有着很大交通流量的城市中，它的主干道两侧植物的生长的情况和速度远远不及其他的地区好，这一影响就是受到多种汽车尾气污染所造成的。汽车尾气中有很多的颗粒物存在，而植物无法对这种颗粒物进行净化，只能被动受其危害。现在于城市干道中已经渐渐地难以再看见绿色的叶子了。

道路景观引起的交通噪声污染。在城市内汽车是造成道路交通噪声的主要因素，它的污染范围极大，并且有很长的时间效应，因此遭受到这种污染的受众群也极其庞大。此类的噪声是由于汽车的发动机所导致的，汽车在行进中会造成各种噪声，而这种噪声在短时间内根本无法根除。汽车所造成的噪声与道路的具体状况有关系，还和道路坡度、路面种类有着很大联系。据调查显示：一条纵坡是百分之七的道路在车流量达到一小时 1000 辆时，它所产生的噪声是坡度在百分之五道路上的 5dB 上下。虽然最大的交通噪声声级不会呈现连续上涨趋势，但它却会不断地连续地干扰安静的区域，并且它所持续的时间要高于其他的噪声持续时间，这一噪声不但对车内人产生直接危害，还会在很大程度上影响到道路周围的人。

一般对道路的景观设计进行改动时，会将排水方式做一些改动。而这种改动会对生态环境造成致命的影响。我国的道路大概占据城市面积的 10%，而在发达国家的超大型城市中甚至高 30% ~ 40%，建设起来的大量的城市道路虽然对逐日上升的机动交通需求加以满足，但在另外一方面因为径流系数的上升，致使雨水汇流的时间降低。现在城市里的下水道系统替代了自然生态中的沟渠排水方式，这样相当于改变了天然植被自身的净化方式。而在我国南方，很多的垃圾与微粒通过雨水进入湖泊生态系统之中，这又间接造成了湖泊的污染。在我国南方，进入雨水期后所有的湖泊江河都会被动地受城市中生活垃圾的污染，在很大程度上影响到下游地区城市的水质。

城市中的道路大多是柏油马路，这种马路在夏天的时候由于日照强烈的情况影响着道路周围生态与居住的环境，这一情况在南方城市内黑色的路面更加明显，在空气中散发着的气味也负面影响着道路沿线的植物与动物。因为一般情况下沥青路面使用的年限是 8 ~ 15 年，沥青路面在使用的过程中会出现硬化、老化与变脆的情况，受汽车的反复辗轧，这一会致癌的物质伴随扫水车或雨水的冲刷一并流入下水道，最后会进入湖泊、河流，在很大程度上影响了生态环境。

由汽车所衍生出的污染会对自然生态产生特别大的破坏。汽车的轮胎脱落的很多物质会对环境造成极大的污染。由于轮胎的组成成分中有硫的存在，因此，轮胎磨损的物质会对环境造成不可治愈的伤害。调查表明轮胎使用 1 年磨损量大概是 1 千克，以此推算一个城市在拥有 30 万辆汽车时，每一年轮胎产生的磨损物就高达 120 万千克上下，而这些污染物质一般都会流入江河中，由此导致的污染程度难以估计。

道路修建中一些不良的建筑模式对环境的污染。有些城市在道路修建的过程中，不注意保护生态环境，出现很大的人工建筑。这种情况不仅在景观设计上有所影响，还对城市设计造成很大的破坏。通常这种情况出现于山地比较多的城市中。有些城市在道路修建的时候，不注意对环境的保护，在修建地区大量取土，这种情况同样也对当地环境有很恶劣的影响。在这种修建过程中的破坏是没办法弥补的，它主要变成现在对建设道路技术性与经济性片面强调，对工程建设社会效益和环境效益忽视。在道路设计与垂直布线方式的过程中，不关注水面上、山上的这一类敏感的生态因素，没有实现有机的结合。在另外一个方面，因为采用了不恰当的技术措施，导致产生泥石流与山体的滑坡等，它所产生的负面影响有很长的持续时间、很大的影响范围，不但损害了生态环境，还在很大程度上影响到工程建设项目本身的功能发挥情况。

## 二、城市广场景观设计中的生态系统

现在国内的每个城市都建造了大量的广场，成了人们日常休闲生活的好去处。因此，城市广场的景观设计是城市景观设计中极为重要的一部分。城市的居民在此处休息、交往、游玩、娱乐，每天早上和晚上都能看到很多的居民在广场休闲。广场属于政府建造的公益性建筑，其在城市中的地位非常重要。国内的所有城市都有至少两个以上的广场。但是所有广场的布局以及建造都存在同一性的问题。广场在设计中根本没有考虑其景观价值，而建造一个极具景观价值的广场不管是对政府还是对居民都是有极大好处的。国内建成的广场在功能、施工的质量、生态之上有着不尽如人意之处，具体的表现为：广场一般都是采用水泥等铺就，绿化设施非常少。广场上肯定要铺就一定范围的硬化地面，但是这样的钢筋混凝土的架构缺少了亲和力，让居民对广场没有足够的认同感。而这种硬化地面会在一定程度上减少人们于广场上活动的时间，这一点在夏季尤为明显。虽说草坪对开阔露天的广场的绿化方面产生一定作用，但是使用过多的草坪会导致后期管理非常困难，并且成本上也有所增加。而且过多的绿化还会影响居民使用广场的体验。从生态功能上来看，乔木的价值等远远超出草坪。因此单纯地加大绿化的面积并不能让居民在使用上有更多良好的感受。国内对于广场的景观设计存在一系列问题，例如：缺城市本土的文化特色、缺乏历史传承性、资源循环利用性，不能同时满足人们对景观绿化的生态需要和人们对景观建筑的审美需要，并且雷同现象较为严重。

针对以上情况应该做到以下几点：

### （一）应立足本土文化的运用

不同的民族之间有不同的生活风俗与文化风俗，各个城市与省份之间也有截然不同的文化背景与特色。设计师从本民族城市间找出本土化的特征并将此运用于广场景观设计中，对本土化的景观游憩处定位，设计创建本土化的景观环境与建筑设计，能发挥地方文化特色。

### （二）从历史文化的角度出发，使本土化与现代景观设计相融合

景观设计者应该从创新的角度出发，对具体地区的具体情形做深入的研究，最终研究出适合当地的景观设计。景观设计不仅存在生态意义，既然它的定位是景观，就必须在观赏性方面下很大的功夫。在广场类型的城市景观设计中，一般要根据当地的文化背景等因素设置能够吸引眼球的景观。城市景观不仅是一种景观，它也具备着一定的文化价值，而且在生态效益方面具有很大的作用。

### （三）提高生态建筑的使用寿命

对于拆除的、可再循环利用的各个建筑资源在不危害安全的情况下尽量使其重复使用，建筑商也要多开发再生材料和低耗能材料及可替代的产品，使得生态建筑的材料结构更加合理。同时，需要提高生态建筑的使用寿命，与“人、建筑、自然”三个因素相结合，以及科学、合理地规划布局，提高建筑物的性能，并保持一定的灵活性，加快建筑新技术的钻研速度，大幅度提升生态建筑的使用寿命，站在全局的角度看问题。例如，天津市的具有代表性的海河文化广场。因为天津市拥有其独特的地理位置和历史文化沉积，天津市广场依托多条滨河廊道的地缘优势，所以形成了城市文化广场的水缘文化特征。其广场设计由高出水面的大平台和下沉于顶部的大平台两大部分组成，中间由高低差的台阶连接，形成不同层次的平台结构设计。天津是具有悠久历史文化的城市，而且其以前是作为租界存在，中外古今的建筑风格都有涉及，因此，根据这种特质所设计建造的海河广场能够最大限度地体现城市景观设计的优点。

## 三、城市建筑景观设计中的生态系统

于城市的景观内，建筑的群体占据着主体的地位，这也是城市和其他的一些生态系统景观存在的不同之处。人类为满足社会文化活动、生活、生产的需求，将各类不同形状、性质、功能的建筑物建造在城市中间。这些建筑物综合起来就构成城市的主体结构，而城市的所有景观都是依赖此进行建造的。在城市中有很多道路修建所产生的廊道，而这些廊道是联系所有建筑物的纽带。廊道是城市中独特的存在，将建筑物有机地连接在一起，不仅产生了一定的层次感，也让建筑物形成了一个整体。城市中最主要的景观包括山水、建筑、园林等，其中既有自然构成的景观，也有人工修建的景观。同时建筑景观还具有一定的历史文化价值。对于城市景观的建造可以开发利用山水景观，不管是对具体环境进行整合还是修建道路等，这一切都是依托建筑物之上的。而这种依托需要有一定的建筑审美才能够做到。

一般城市景观并不是直接在城市中凭空建造一个景观，而是依托城市中本身存在的自然风貌加以改造构成。不过在实际设计过程中，人工的景观和自然的景观很难进行界定。根据改造自然景观的程度能够将景观分成下面的几个类型：轻微改变的景观、较小改变的景观和强烈改变的景观。很少改造自然景观，对自然景观具备的自然要素加以支配，人类基本上不会去破坏掉这些要素，未被人工改造过的自然的景观还保留着自身的自动调节能力。在城市中仍旧存在的森林植物，还有一些大型的河流湖泊，这样的景观需要改动的程序要求较小。人类的生活方式是改造自然，依存自然，因此，景观设计中要突出这些重点，而不是忽视这些特点对城市景观设计的影响。城市生态系统具有一定的自愈能力，可以在一定程度上调节生态，比如公园的植被可以净化城市中污染的空气等。人类的行为对多个组成的要素产生强烈的影响，导致它所具备的特质被充分改变，因此导致其自愈能力降低。只有通过投入社会的资本，才可以恢复被破坏掉的功能，也就是借助一些技术对景观本身进行改善。不过这种改善并不能让生态系统回到原先的状态。城市作为人类的集聚地，是由很多元素组成。其中，有大量的生产场所存在。城市中的建筑物一旦建成，在一段时期内就不会发生改变，而大量的建筑物很自然地构成了城市生态系统。城市中的生态景观建筑需要做到以下几点。

### （一）对人文景观的保护

建筑物及周边环境的绿化程度，已经成为评价该建筑是否绿色生态的重要因素，因此，在建筑设计中，既要保持原有的绿地，还要不断开发新的绿地，使建筑的绿化程度持续提高。在绿化措施上，可以考虑多种植树木和扩大草坪面积，增强绿色植物吸收二氧化碳的力度，使空气更加清新，还能够丰富居住环境的景观，保持了人与生态之间的平衡。建筑物内的空气要有高质量，通过采阳与通风工程，确保有足够的新风在建筑物内流动。加强保护周边的人文景观，不得擅自破坏文化古迹及有价值的建筑遗址。人文情怀还可以体现在建筑空间内，包括简约的室内设计和富有装饰性的家具、能够反映出当地人文历史的书画挂件等。地域文化能够丰富建筑的内涵，提升建筑的品位，给人们带来更多的亲切感、归属感与满足感。

### （二）对清洁能源的开发应用

生态景观建筑不仅反映出良好的自然环境与居住环境，还能够反映出人们的生活方式与生活理念。“低碳生活”“注重环境保护和生态建设”已经成为建筑的特殊的生态标签。生态建筑中的各种耗能应减少到一个很低的水平，无论是水、能源和建筑装潢材料等，都应该得到有效的利用。多开发清洁能源的使用范围，包括风能、太阳能、地热等，减少传统能源的消耗，在环境保护中多出一分力。“低碳生活”的基础是重在节能降耗，更是“注重环保”的助推力，在保障人们舒适、健康生活的前提下，尽量地用减少能源消耗的方式节约有限的资本能源，大力推广清洁能源的开发与使用。

### （三）对布局的合理设计应用

景观的布局朝向应当合理，无论是形体的布置还是内部的构造，都要以采光通风、降低能耗为前提。如今，太阳能的使用越来越普及，这种清洁能源的采集也非常方便，但要有合适的建筑朝向才能使太阳能的利用更加充分。良好的室内采光，不但能减少电能的消耗，还能让人们更多地生活在自然光线中，保持心情的愉悦。室内的通风条件好，则可以保障空气的新鲜，提高人们的身体健康指数。建筑的形体布置尽量不要偏大，这样能够降低夏天制冷或者冬天采暖的能耗。建筑与装潢的材料应考虑到保温隔热的效果，在提升居住舒适度的同时，还能最大限度地节省能源，确保室内环保。

### （四）对资源的循环使用

景观生态建筑设计是一个非常重要的概念，可以做到对资源重复利用，这一概念也被越来越多的建筑设计师所认可。当一所建筑被拆除时，使用过的建筑材料例如木料、钢筋、玻璃、墙砖等，都要尽量回收使用，在保证建筑物的安全性的前提下构成一个良性的循环，最大限度地减少新建筑的成本。一些老建筑的内部结构已经老化，可以加强与利用先进的技术改造，同时满足人们新的需求，也节省了大量的新建筑的建设成本，从一定程度上积累了社会财富，有助于人们生活水平的进一步改善。

总而言之，基于生态理论的建筑设计，既要加强绿化工程，又要注重资源利用，以降低能耗及建筑成本为重要推手，以保障人们的身心健康为核心，结合可持续发展理念，打造安全健康、舒适自然的生活与工作环境，全面提升人们的生活品位。

# 参考文献

[1] 张志伟，李莎 . 园林景观施工图设计 [M]. 重庆：重庆大学出版社，2020.

[2] 张学礼 . 园林景观施工技术及团队管理 [M]. 北京：中国纺织出版社，2020.

[3] 陆娟，赖茜 . 景观设计与园林规划 [M]. 延吉：延边大学出版社，2020.

[4] 段渊古 . 园林景观素描 [M]. 北京：中国农业出版社，2020.

[5] 张鹏伟，戴磊 . 园林景观规划设计 [M]. 长春：吉林科学技术出版社，2020.

[6] 范明，刘启泓 . 园林景观设计 [M]. 北京：中国建筑工业出版社，2020.

[7] 孟宪民，刘桂玲 . 园林景观设计 [M]. 北京：清华大学出版社，2020.

[8] 骆中钊 . 新型城镇园林景观 [M]. 北京：中国林业出版社，2020.

[9] 张辛阳，陈丽 . 园林景观施工图设计 [M]. 武汉：华中科技大学出版社，2020.

[10] 赵小芳 . 城市公共园林景观设计研究 [M]. 哈尔滨：哈尔滨出版社，2020.

[11] 于蓉 . 园林景观效果图计算机表现 [M]. 北京：中国农业出版社，2020.

[12] 韦杰 . 现代城市园林景观设计与规划研究 [M]. 长春：吉林美术出版社，2020.

[13] 肖晓萍 . 生态文明背景下的园林景观建设实践 [M]. 北京：中国建筑工业出版社，2020.

[14] 张颖璐 . 园林景观构造 [M]. 南京：东南大学出版社，2019.

[15] 彭丽 . 现代园林景观的规划与设计研究 [M]. 长春：吉林科学技术出版社，2019.

[16] 盛丽 . 生态园林与景观艺术设计创新 [M]. 南京：江苏凤凰美术出版社，2019.

[17] 黄维 . 在美学上凸显特色园林景观设计与意境赏析 [M]. 长春：东北师范大学出版社，2019.

[18] 李琰 . 园林景观设计概念形式的艺术 [M]. 北京：新华出版社，2019.

[19] 朱宇林，乔清华 . 现代园林景观设计现状与未来发展趋势 [M]. 长春：东北师范大学出版社，2019.

[20] 王皓 . 现代园林景观绿化植物养护艺术研究 [M]. 南京：江苏凤凰美术出版社，2019.

[21] 肖国栋，王翠 . 园林建筑与景观设计 [M]. 长春：吉林美术出版社，2019.

[22] 刘娜 . 传统园林对现代景观设计的影响 [M]. 北京：北京理工大学出版社，2019.

[23] 裴兵，康静 . 园林景观设计简史 [M]. 武汉：华中科技大学出版社，2019.

[24] 李方联 . 意境与园林景观营造 [M]. 长春：吉林大学出版社，2019.

[25] 蓝颖，廖小敏 . 园林景观设计基础 [M]. 长春：吉林大学出版社，2019.

[26] 宋建成 . 园林景观设计 [M]. 天津：天津科学技术出版社，2019.

[27] 刘洋 . 园林景观设计 [M]. 北京：化学工业出版社，2019.

[28] 赵宇翔 . 园林景观规划与设计研究 [M]. 延吉：延边大学出版社，2019.

[29] 康志林 . 园林景观设计与应用研究 [M]. 长春：吉林美术出版社，2019.

[30] 陆燕燕 . 园林植物与园林景观规划设计研究 [M]. 天津：百花文艺出版社，2019.

[31] 吴银玲 . 园林景观设计 [M]. 武汉：华中科技大学出版社，2018.

[32] 黄仕雄 . 园林景观场景模型设计 [M]. 南京：东南大学出版社，2018.

[33] 杨湘涛 . 园林景观设计视觉元素应用 [M]. 长春：吉林美术出版社，2018.

[34] 王裴 . 园林景观工程数字技术应用 [M]. 长春：吉林美术出版社，2018.

[35] 路萍 . 城市公共园林景观设计及精彩案例 [M]. 合肥：安徽科学技术出版社，2018.